DE LA MÂTURE

DES

VAISSEAUX.

PIECE

QUI A REMPORTÉ LE PRIX

DE L'ACADEMIE ROYALE

DES SCIENCES,

Proposé pour l'année 1727, selon la fondation faite par feu
M. ROUILLÉ DE MESLAY, ancien Conseiller
au Parlement.

A PARIS, RUE S. JACQUES,

Chez CLAUDE JOMBERT, au coin de la ruë des Mathurins,
à l'Image de Notre‑Dame.

M. DCC. XXVII.

Extrait des Regiſtres de l'Académie Royale des Sciences.

Du 6. Septembre 1727.

MEssieurs de Mairan & Nicole, qui avoient été nommez pour examiner les Additions faites par M. Bouguer à ſa Piéce ſur *la Mâture des
Vaiſſeaux*, qui a remporté le Prix de cette année, en ayant fait leur rapport ;
la Compagnie a jugé que ces Additions ſerviroient à perfectionner cette Piéce,
très-digne d'ailleurs de l'honneur qu'elle a reçû. En foi de quoi j'ai ſigné le
préſent Certificat. A Paris ce 26. Septembre 1727.

FONTENELLE, Sec. perp. de l'Ac. Roy. des Sc.

PRIVILEGE DU ROY.

LOUIS par la grace de Dieu Roy de France & de Navarre : A nos amez &
feaux Conſeillers, les Gens tenans nos Cours de Parlement, Maîtres des Re-
quêtes ordinaires de notre Hôtel, Grand Conſeil, Prevôt de Paris, Baillifs, Sé-
néchaux, leurs Lieutenans Civils, & autres nos Juſticiers qu'il appartiendra, Salut. Notre bien amé & feal le *Sieur Jean-Paul Bignon, Conſeiller ordinaire en
notre Conſeil d'Etat, & Préſident de notre Académie Royale des Sciences,* Nous
ayant fait très-humblement expoſer, que depuis qu'il nous a plû donner à notredite Académie, par un Réglement nouveau, de nouvelles marques de notre af-
fection, elle s'eſt appliquée avec plus de ſoin à cultiver les Sciences, qui font
l'objet de ſes exercices ; enforte qu'outre les Ouvrages qu'elle a déja donnez au
Public, elle ſeroit en état d'en produire encore d'autres, s'il Nous plaiſoit lui ac-
corder de nouvelles Lettres de Privilege, attendu que celles que Nous lui avons
accordées en datte du 6. Avril 1699 n'ayant point de tems limité, ont été dé-
clarées nulles par un Arrêt de notre Conſeil d'Etat du 13. Août 1713. Et déſirant
donner au Sieur Expoſant toutes les facilitez & les moyens qui peuvent contri-
buer à rendre utiles au Public les travaux de notredite Académie Royale des Sciences, Nous avons permis & permettons par ces Préſentes à ladite Académie, de
faire imprimer, vendre ou débiter dans tous les lieux de notre obéiſſance, par
tel Imprimeur qu'elle voudra choiſir, en telle forme, marge, caractére, & autant de fois que bon lui ſemblera, *toutes ſes Recherches ou Obſervations journa-
liéres, & Relations annuelles de tout ce qui aura été fait dans les Aſſemblées ;*
comme auſſi *les Ouvrages, Mémoires ou Traitez de chacun des Particuliers
qui la compoſent,* & généralement tout ce que ladite Académie voudra faire pa-
roître ſous ſon nom, après avoir fait examiner leſdits Ouvrages, & jugé qu'ils
ſont dignes de l'impreſſion ; & ce pendant le tems de *quinze années* conſécutives,
à compter du jour de la datte deſdites Préſentes. Faiſons défenſes à toutes ſortes
de perſonnes de quelque qualité & condition qu'elles ſoient, d'en introduire d'impreſſion étrangere dans aucun lieu de notre Royaume ; comme auſſi à tous Imprimeurs, Libraires & autres, d'imprimer, faire imprimer, vendre, faire vendre, débiter ni contrefaire aucun deſdits Ouvrages imprimez par l'Imprimeur
de ladite Académie ; en tout ni en partie, par extrait, ou autrement, ſans le con-
ſentement par écrit de ladite Académie, ou de ceux qui auront droit d'eux : à
peine contre chacun des contrevenans de confiſcation des Exemplaires contre-

faits au profit de fondit Imprimeur : de trois mille livres d'amende, dont un tiers à l'Hôtel-Dieu de Paris, un tiers audit Imprimeur, & l'autre tiers au Dénonciateur, & de tous dépens, dommages & interêts ; à condition que ces Présentes seront enregistrées tout au long sur le Registre de la Communauté des Imprimeurs & Libraires de Paris, & ce dans trois mois de ce jour : que l'impression de chacun desdits Ouvrages sera faite dans notre Royaume & non ailleurs, & ce en bon papier & en beaux caracteres, conformément aux Réglemens de la Librairie ; & qu'avant de les exposer en vente, il en sera mis de chacun deux Exemplaires dans notre Bibliothéque publique, un dans celle de notre Château du Louvre, & un dans celle de notre très-cher & féal Chevalier Chancelier de France le Sieur Daguesseau ; le tout à peine de nullité des Présentes. Du contenu desquelles vous mandons & enjoignons de faire jouir ladite Académie, ou ses ayans cause, pleinement & paisiblement, sans souffrir qu'il leur soit fait aucun trouble ou empêchement. Voulons que la copie desd. Présentes qui sera imprimée au commencement ou à la fin desd. Ouvrages, soit tenuë pour dûement signifiée, &qu'aux copies collationnées par l'un de nos amez & feaux Conseillers & Secretaires, foi soit ajoutée comme à l'original. Commandons au premier notre Huissier ou Sergent de faire pour l'execution d'icelles tous actes requis & nécessaires, sans demander autre permission, & nonobstant clameur de Haro, Charte Normande, & Lettres à ce contraires. Car tel est notre plaisir. Donné à Paris le 29 jour du mois de Juin, l'an de grace 1717, & de notre Regne le deuxiéme. Par le Roi en son Conseil.

Signé, FOUQUET

Il est ordonné par l'Edit du Roy du mois d'Août 1686. & Arrêt de son Conseil, que les Livres dont l'impression se permet par Privilege de Sa Majesté, ne pourront être vendus que par un Libraire ou Imprimeur.

Regîstré le présent Privilege, ensemble la Cession écrite ci-dessous, sur le Regîstre IV. de la Communauté des Imprimeurs & Libraires de Paris, p. 255. N. 205. conformément aux Réglémens, & notamment à l'Arrêt du Conseil du 13. Août 1703. A Paris le 3. Juillet 1717.

Signé, DELAULNE, Syndic.

Nous soussigné Président de l'Académie Royale des Sciences, déclarons avoir en tant que besoin cedé le présent Privilege à ladite Académie, pour par elle & les differens Académiciens qui la composent, en jouir pendant le tems & suivant les conditions y portées. Fait à Paris le 1. Juillet 1717. *Signé,* J. P. BIGNON.

E R R A T A.

Page 58 ligne 20, *lisez* f *au lieu de* f² *dans le dénominateur de l'expression algébrique.* Pag. 68 l. 22, *lisez* $\frac{x}{2e}$ *au lieu de* $\frac{x}{5e}$. Pag. 79 l. 28, *lisez* & la distance. Pag. 80 l. dern. *effacez* l'exposant 2 *du dénominateur* x. Pag. 85 l. 4, il puisse, *effacez* il. Pag. 121 l. 20, la situation, *lisez* sa situation. Pag. 145 l. 16, *lisez* n'a que $\frac{1}{h^2}$ de variable. Pag. 150 l. dern. qui lui est égale & qui a la même forme, *lisez* qui doit lui être égale si on suppose que A & a soient deux impulsions directes connuës, l'une pour la route directe & l'autre pour la route dont c est la tangente de la dérive.

DE LA MÂTURE
DES
VAISSEAUX.

Vela damus, vaſtumque cavâ trabe currimus æquor.
Lib. III. Virg. Mar.

PREMIERE SECTION.

*Où l'on examine les conditions de la Mâture parfaite,
principalement pour la route directe.*

CHAPITRE PREMIER.

*Des Mâts conſiderez comme leviers, & des points qui leur
ſervent d'hypomoclions.*

I.

ES voiles ſupérieures font ordinairement
plus d'effet que les inférieures ; ſoit parce
qu'étant plus tenduës, elles reçoivent plus directement l'impulſion du vent, ſoit parce que
le vent auquel elles ſont expoſées eſt plus rapide que celuy

A

qui frappe fur les voiles d'enbas. Les Anciens qui ne
penfoient point à ces deux raifons , prenoient les Mâts
pour des leviers , & prétendoient que les voiles fupérieu-
res ne faifoient marcher le Vaiffeau avec plus de vîteffe ,
que parce qu'elles étoient appliquées à une plus grande
diftance du point d'appuy. Prévenus enfuite en faveur
de ce fentiment, ils le foutenoient avec chaleur ; car ils
rapportoient à cette même méchanique indifferemment
toutes fortes d'actions, & ils ne pouvoient pas manquer
d'y rapporter celle des Mâts, dont la hauteur eft tres-pro-
pre à reprefenter la longueur des leviers. Cependant on
peut affurer qu'ils fe trouvoient arrêtez par une grande
difficulté ; il falloit affigner une place au point d'appuy ,
& ils ne fçavoient pas trop où le mettre. Le centre de
gravité , le pied du Mât, l'extrémité de la prouë , tous les
points du Navire enfin , fervoient affez à expliquer les balancemens & les inclinaifons du Vaiffeau ; mais ils ne fervoient pas également, lorfqu'il s'agiffoit de rendre raifon
du mouvement du fillage , & c'eft-là juftement ce qui em-
barraffoit.

En effet, on étoit alors bien éloigné d'avoir le véritable point d'appuy, puifqu'il eft facile de prouver que ce
point ne peut être qu'au centre de la terre. Pour fe convaincre de cette propofition, qui femble d'abord un peu
paradoxe , il n'y a qu'à fuppofer que le Vaiffeau pouffé
par le vent qui choque fa voile, fait dans fa route le tour
de nôtre globe. Pendant ce temps-là le centre d'effort
de la voile décrira un cercle concentrique à la terre , &
le Mât changera continuellement de fituation. Mais cependant fi on conçoit ce Mât prolongé indéfiniment par
enbas, il paffera toujours par le centre de la terre , &
ainfi il fera toujours rayon des cercles que le Vaiffeau &
le centre d'effort de la voile décriront. Voila ce qui montre que le centre de la terre eft naturellement le point
fixe ou le point d'appuy des Mâts pris pour leviers dans
l'explication du mouvement du fillage. Les Mâts font des

leviers de la seconde espece, parce que le fardeau est entre la puissance & le point d'appuy. Le point d'appuy est le centre de la terre où le Mât étant prolongé va toujours se rendre; la puissance, c'est l'impulsion du vent réunie dans le centre d'effort des voiles, & le fardeau est representé par la difficulté qu'il y a à mouvoir le Vaisseau dans un milieu qui fait de la résistance. Et nous pouvons remarquer que comme la puissance & le fardeau sont sensiblement à une même distance du point fixe, puisque la hauteur des Mâts est toujours insensible par rapport au rayon de la terre, la puissance doit être égale au fardeau : c'est-à-dire que, lorsque le Navire single avec son mouvement uniforme, l'impulsion du vent selon le sens horisontal doit être égale à la résistance que le Navire trouve à avancer dans l'eau aussi selon le sens horisontal.

II.

Mais si au lieu de considerer le sillage du Navire, on examine ses situations & inclinaisons, son *tangage* & son *roulis*, on ne doit plus prendre le centre de la terre pour le point fixe : car il est certain que peu de changement dans la hauteur du Mât produit de grands effets dans la situation du Vaisseau, & c'est ce qui n'arriveroit pas si le point d'appuy étoit au centre de la terre; puisque l'impulsion du vent sur la voile en seroit toujours à peu près également éloignée, & agiroit par consequent toujours de la même maniere. C'est donc le centre de gravité du Vaisseau qu'on doit dans ce cas regarder comme hypomoclion ou comme point d'appuy : car une puissance ne tend à faire tourner un corps ou à le faire incliner, que selon qu'elle est appliquée à plus de distance de son centre de gravité. Si, par exemple, la direction SK [Figure I.] du choc du vent sur la voile LM passoit par le centre de gravité G du Vaisseau O C, le choc du vent n'auroit aucune force pour faire incliner le Navire; mais comme

Tangage, c'est les balancemens du Vaisseau dans le sens de sa longueur; & *roulis*, les balancemens dans le sens de sa largeur,

Fig. 1.

la direction SK est considerablement éloignée du centre
G, on doit convenir que le choc du vent tend à faire
pancher le Vaisseau du côté de sa prouë O, avec un moment qui est d'autant plus fort, que la distance de sa
direction SK au centre G, qui sert de point d'appuy, est
plus grande.

III.

Pendant que l'impulsion du vent travaille ainsi à faire
enfoncer la prouë dans l'eau, il faut nécessairement que
quelqu'autre puissance tende à l'en faire sortir; autrement
le Navire verseroit toujours. La principale force qui s'op-
pose à l'impulsion du vent, c'est l'impulsion de l'eau sur
la prouë *a*E qui agit selon la direction DH. Le Vaisseau
ne peut pas singler le moins du monde sans choquer
l'eau qui se rencontre sur son chemin, ni sans en être repous-
sé dans un sens contraire à la route : & l'impulsion tombe sur une ligne DH qui s'éleve en l'air vers H, parce
que comme la prouë *a*E est toujours inclinée en avant,
elle est poussée par l'eau, non-seulement selon le sens
horifontal, mais aussi selon le sens vertical. Or cette impulsion de l'eau peut contre-balancer l'impulsion du vent
sur la voile; car elle tend à élever la prouë en même-
tems que l'impulsion du vent tend à la faire caler; & il
est évident que selon que l'une de ces impulsions sera
plus puissante que l'autre, à raison de sa force absoluë &
de la distance de sa direction au centre de gravité G, le
Navire doit prendre differentes situations.

IV.

On voit bien qu'il est de la derniere importance pour
la Théorie de la mâture de découvrir le résultat de ces
deux impulsions du vent sur la voile, & de l'eau sur la
prouë. On pourroit considérer ces impulsions séparément :
mais je crois qu'il vaut beaucoup mieux les réduire

d'abord en une feule force par les régles de la compofition des mouvemens ; car nous n'aurons de cette forte qu'un feul effort à confidérer, & nous ferons moins obligez de partager notre attention. Lorfqu'on tire en même-tems un corps par deux differentes directions, comme avec deux cordes, ce corps n'eft pas déterminé de la même maniere que s'il n'étoit tiré que vers un feul côté. Des deux directions il s'en forme une troifiéme, & c'eft cette derniere que le corps fuit dans fon mouvement. Il doit arriver à peu près la même chofe au Vaiffeau qui eft exposé en même-tems à l'action de deux differentes forces, l'impulfion du vent, & l'impulfion de l'eau. Ces deux forces fe doivent réduire en une feule ; & ce doit être la même chofe de confidérer cette feule force, que d'avoir égard aux deux impulfions du vent & de l'eau ; parce que comme ces impulfions font contraires en certain fens, elles fe détruifent en partie, & la force dont nous parlons doit être composée de tout ce qui n'entre pas dans la deftruction. Mais il faut que nous nous reffouvenions toujours de prendre le centre de gravité du Vaiffeau pour point d'appuy ; puifque ce centre fert véritablement d'hypomoclion à toutes les puiffances qui tendent à faire tourner ou incliner le Navire.

CHAPITRE II.

De la maniere dont les chocs du vent fur la voile, & de l'eau fur la proüe fe réduifent à un feul effort.

I.

LE Lecteur fçait, fans doute, que c'eft ordinairement par le moyen d'un paralellograme qu'on réduit deux puiffances en une feule force. Si, par exemple, deux puiffances pouffent à la fois le corps A Fig. 2. felon les

Fig. 2.

A iij

deux directions AB & AC, & que la premiere le pouſſe
avec une force capable de luy faire parcourir AB, pendant que la ſeconde le pouſſe avec une force capable de
luy faire parcourir AC : ce corps ne doit ſuivre en particulier aucune des directions AB & AC, car la puiſſance
qui agit ſur l'autre direction doit l'en empêcher. Ce corps
doit ſuivre un chemin AD qui tienne une eſpece de milieu entre les deux directions AB & AC : & pour découvrir ce chemin, il n'y a qu'à former le paralellograme
BACD par les paralelles CD, BD aux directions, & la
diagonale AD ſera le chemin requis ou la direction compoſée des deux AB & AC ; direction compoſée que le
corps A doit ſuivre, ou qu'il eſt du moins déterminé à
ſuivre par l'impulſion des deux puiſſances. Le corps A en
avançant ſur AD, ſatisfera, autant qu'il ſera poſſible, aux
mouvemens ſur les deux directions AB & AC. La premiere puiſſance en agiſſant ſelon AB, le pouſſe dans le
ſens de la direction compoſée AD de la quantité AG, &
tend à l'écarter de cette même direction de la quantité
AE ou GB. La ſeconde puiſſance qui pouſſe ſelon AG
avec une force AC, tend auſſi à faire avancer le corps A
dans le ſens de la direction compoſée AD d'une quantité
AH, & tend à l'écarter de cette même direction de la
quantité AF ou HC. Mais comme les deux puiſſances
travaillent à écarter le corps A de différens côtez de la
direction compoſée AD, l'une du côté droit, & l'autre
du côté gauche, & qu'elles travaillent à cela avec des
forces préciſément égales AE & AF ou GB & HC, il eſt
évident qu'elles ſe doivent détruire mutuellement dans
le ſens perpendiculaire à AD, & qu'ainſi elles ne doivent
point empêcher le corps A de ſuivre AD. Et enfin, ſi on
joint AG & AH, qui ſont les tendances des deux puiſſances ſelon la direction compoſée, on trouvera qu'elles
forment AD, puiſque HD eſt égale à AG, à cauſe de
l'égalité des deux triangles BAG, CDH. De ſorte que les
deux mouvemens AB & AC ne ſe réduiſent eu égard à

tout, à leur convenance & à leur opposition, qu'au seul mouvement AD.

II.

Comme le Vaisseau ne forme qu'un seul corps avec son Mât & sa voile, il est aussi toujours sujet à l'action de deux puissances, le choc du vent selon la direction SK ; & le choq de l'eau sur la prouë selon la direction DH ; & il est sensible que ces deux chocs se doivent réduire de la même maniere en un seul effort. Ces deux chocs s'exerceroient tout le long de leurs directions SK & DH, si rien ne les empêchoit dans leurs actions ; mais ils se font obstacle l'un à l'autre en N, où leurs directions se coupent ; ils ont des forces contraires selon certain sens, & ces forces se doivent détruire mutuellement en N, parce que c'est-là où elles se trouvent directement opposées. Je prends donc sur leurs deux directions SK & DH depuis leur point de concours N, des espaces Np & Nr pour désigner les impulsions du vent & de l'eau, ou pour en marquer le rapport. L'espace Np exprimera l'impulsion du vent sur la voile LM, pendant que l'espace Nr représentera l'impulsion de l'eau sur la prouë aE. J'acheve le paralellograme Nptr, & j'ay dans la diagonale Nt la direction composée des deux SK & DH, & l'effort mutuel des deux impulsions Np & Nr ; effort mutuel qui est tout ce qui résulte de la réunion des impulsions du vent & de l'eau. Cet effort a moins de tendance dans le sens de la route, que le choc Np du vent sur la voile, parce qu'il ne représente pas l'action seule du vent, mais les actions du vent & de l'eau jointes ensemble ; c'est-à-dire, qu'il marque la force avec laquelle le vent pousse dans le sens de la route après le retranchement fait de la résistance de l'eau qui pousse dans un sens contraire. Et si ce même effort Nt agit dans la détermination verticale, c'est afin de remplir les forces relatives verticales des impulsions du vent & de l'eau, qui bien loin de se détruire, s'ajoutent au contraire

Fig. 1

ici enfemble, parce qu'elles s'aident l'une & l'autre en
tendant toutes deux en haut.

III.

Nous n'examinons point encore les changemens que
l'effort N *t* doit produire dans la fituation du Vaiffeau :
nous ne confidérons icy les effets de cet effort que par rapport à la marche. Comme il tire de l'avant par fa force
horifontale, & que rien ne peut luy faire obftacle, il eft
fenfible qu'il fera augmenter la vîteffe du Navire. Et il
en fera de même toutes les fois que cet effort agira fur
une direction inclinée vers la prouë : car, puifque le Vaiffeau conferveroit fa même vîteffe fi rien ne le tiroit de
l'avant, & s'il ne reffentoit aucune réfiftance, il eft fenfible qu'il doit augmenter fon mouvement lorfque de l'impulfion du vent & de la réfiftance de l'eau il réfulte un
effort N *t* qui le tire dans le fens de la route. Mais il y a
de la différence auffi-tôt que la direction de cet effort eft
verticale comme NT, ainfi que cela arrive pendant prefque toute la navigation ; car l'effort compofé NT n'a dans
ce cas aucune force horifontale qui puiffe produire du
changement dans le fillage. Il eft vrai que les impulfions
NP du vent & NR de l'eau qui forment l'effort NT,
tendent toujours chacune à part à faire marcher le Vaiffeau plus vîte ou plus lentement : mais ces deux impulfions agiffent enfemble & en des fens contraires, & il faut
néceffairement qu'elles fe détruifent l'une & l'autre quant
au fens horifontal de la route, puifqu'elles ne fe réduifent
qu'à un effort vertical NT. Ainfi ces deux impulfions
peuvent bien jointes enfemble foulever le Navire par
leur tendance mutuelle verticale ; mais elles ne doivent
point altérer le mouvement du fillage, parce qu'elles s'en
empêchent mutuellement, & que leur effort compofé ne
tire qu'en haut. Il refte à expliquer comment les impulfions du vent & de l'eau qui agiffent d'abord fur une

direction

direction compofée oblique, prennent très-peu de tems après une direction verticale NT.

IV.

C'eft qu'à chaque degré de vîteffe que l'effort compofé des impulfions du vent & de l'eau communique au Navire, l'impulfion du vent fur la voile diminuë & l'impulfion de l'eau fur la prouë augmente; de maniere que de ces deux impulfions du vent & de l'eau il naît enfuite un effort compofé, différent du premier & qui approche un peu plus d'être vertical. L'impulfion de l'eau devient plus grande à mefure que le fillage augmente; car le Vaiffeau ne peut pas fingler plus vîte fans choquer l'eau par fa prouë avec plus de force. Et l'impulfion du vent fur la voile diminuë en même tems; parce que plus le Vaiffeau fingle vîte, plus la voile fuit, pour ainfi dire, le vent; ou ce qui revient au même, plus il faut retrancher de la vîteffe abfoluë du vent pour avoir la vîteffe refpective avec laquelle il frappe la voile. Ainfi après qu'un effort compofé Nt des impulfions Np du vent & Nr de l'eau a fait accélerer le mouvement de la marche de quelque degré, les impulfions du vent & de l'eau ne doivent plus être les mêmes; l'impulfion du vent doit être plus petite, telle qu'eft Np & l'impulfion de l'eau plus grande telle qu'eft Nr; & il doit fe former un autre effort compofé Nt. Cet effort Nt fait encore accélerer le mouvement de la marche par fa tendance horifontale; & cette accélération étant caufe que les impulfions du vent & de l'eau changent de rechef, il fe forme encore un autre effort un peu moins incliné: & la même chofe fe répete d'inftant en inftant, jufqu'à ce que l'effort compofé fe trouve exactement vertical comme NT, & que la promptitude de la marche n'augmente plus: ce qui s'acheve en fort peu de tems, en moins de deux ou trois minutes.

B

V.

Il s'ensuit de là que les impulsions du vent & de l'eau doivent agir suivant différentes directions composées selon les différens états dans lesquels on examine le Navire. Ou 1°. le sillage n'est point encore arrivé à sa plus grande vîtesse, & alors la direction composée des impulsions est inclinée en avant comme N *t*, N *T*, &c. & plus ou moins incliné, selon qu'il s'en faut davantage que le Navire n'avance avec son mouvement uniforme. Ou 2°. le sillage ne s'accélére plus, & c'est une marque que la direction composée est exactement verticale comme NT. Mais puisqu'il est certain par l'expérience que les Vaisseaux ne restent que fort peu dans le premier état, & qu'ils parviennent au second dans lequel ils avancent avec leur mouvement uniforme, en moins de tems qu'il n'en faut pour déployer toutes leurs voiles & pour les orienter, nous pouvons fort bien ne les considerer que dans ce second état. C'est pourquoi nous prendrons toujours pour principe que *les impulsions du vent sur la voile* LM *& de l'eau sur la prouë à* E *ne se réduisent qu'à l'effort vertical* NT *ou ne tendent jointes ensemble qu'à tirer le Navire en haut, selon la verticale* VNT *qui passe par l'intersection* N *de leurs directions* SK *&* DH.

V I.

Si on veut maintenant trouver la valeur de l'effort composé NT, il sera facile d'en venir à bout; pourvû qu'on sçache la valeur d'une des impulsions du vent sur la voile ou de l'eau sur la prouë avec la situation des axes SK & DH de ces deux impulsions. On sçaura la force de l'impulsion du vent par l'étenduë de la voile & par la vîtesse du vent: & la force de l'impulsion de l'eau sur la prouë par la grandeur & la figure de la prouë & par la vîtesse du Navi-

re , parce que c'eſt avec cette vîteſſe que la prouë va ren- Fig. 1.
contrer l'eau. Et après cela le triangle PNT dont on connoîtra les trois angles & un côté , nous fournira cette proportion, le ſinus de l'angle PTN égal à l'angle TNR formé par la verticale VT & la direction DH eſt à l'impulſion NP du vent ſur la voile, ou bien le ſinus de l'angle
PNT formé par la verticale VT & la direction SK eſt à
PT qui eſt égale à l'impulſion NR de l'eau ſur la prouë ,
comme le ſinus de l'angle TPN égal à l'angle RNS que font
enſemble les deux directions SK & DH ſera à l'effort NT
auquel les deux impulſions NP du vent & NR de l'eau ſe
réduiſent. Or c'eſt de cet effort compoſé ou mutuel NT
dont nous n'avons qu'à examiner les effets pour reconnoître tous les mouvemens que les chocs du vent & de l'eau
ſont capables d'imprimer au Navire : Nous allons commencer nos recherches dans les vaiſſeaux dont la poupe
& la prouë ſont égales , & nous marquerons en même tems
la véritable diſpoſition de leur Mâture.

CHAPITRE III.

*Des différentes ſituations que l'effort mutuel des impreſ-
ſions du vent & de l'eau doit faire prendre aux Vaiſſeaux dont la poupe & la prouë ſont égales ; & des
conditions qui rendent la Mâture parfaite dans ces ſortes
de Vaiſſeaux.*

I.

P Uiſque les impulſions du vent ſur la voile & de l'eau
ſur la prouë ne ſe réduiſent qu'au ſeul effort vertical NT, il eſt ſenſible qu'on peut comparer le Navire à
une poutre qui ſeroit tirée en haut par quelque puiſſance : & de même que la puiſſance qui tireroit en haut ne
pourroit avoir que trois différentes diſpoſitions , ſelon

B ij

qu'elle feroit appliquée au centre de gravité de la poutre
ou à quelqu'une de ſes extremitez, de même auſſi toutes
les diſpoſitions de l'effort N T & de ſa direction V N T
doivent être renfermées dans les trois cas ſuivans.

1°. Ou la direction SK de la voile eſt fort élevée & la
verticale VNT qui eſt la direction compoſée des efforts
du vent & de l'eau paſſe en arriere du centre de gravité G
du Vaiſſeau.

2°. Ou la direction SK de la voile eſt peu élevée & la
verticale VNT paſſe en avant du centre de gravité G du
Vaiſſeau.

3°. Ou enfin la hauteur de la Mâture tient le milieu entre
celles des deux premiers cas, & la verticale VNT paſſe
par le centre de gravité du Navire.

I I.

Fig. 1.　Nous remarquerons maintenant que le Vaiſſeau Mâté comme dans le premier cas & dans la premiere Figure,
doit plonger ſa prouë dans l'eau & élever ſa poupe. Car
les impulſions du vent & de l'eau réunies dans l'effort NT
tirent la poupe en haut ſelon leur direction commune ou
compoſée VNT qui eſt appliquée en arriere du centre
de gravité G ; & la poupe ne peut pas ſortir de l'eau ſans
que la prouë ne s'y enfonce davantage. Il eſt encore ſenſible que plus la Mâture aura de hauteur, plus la direction
SK de la voile rencontrera la direction DH de l'impulſion
de l'eau en un point N avancé vers l'arriere, plus la verticale VNT ſur laquelle les impulſions du vent & de l'eau
s'accordent à tirer en haut ſera écartée du centre de gravité G qui ſert d'hypomoclion, & plus par conſéquent l'effort compoſé NT aura de force relative ou de moment
pour faire incliner le Vaiſſeau en avant. Ajoûtons que
lorſque le vent augmentera ſa vîteſſe, l'impulſion NP que
recevra la voile deviendra plus grande, de même que l'impulſion NR de l'eau ſur la prouë, & l'effort compoſé NT

augmentant aussi, le Navire sera tiré en haut avec plus de force & s'inclinera presque toûjours davantage. Ainsi on doit craindre que l'enfoncement de la prouë n'aille trop loin, & que le Vaisseau Mâté comme dans le premier cas ne verse à force de s'incliner.

I I I.

Ce que nous venons de dire du premier cas se peut appliquer au second, où la verticale VT [Figure 3.] passe en avant du centre de gravité G ; pourvû qu'on entende de la poupe ce que nous avons dit de la prouë. Les Vaisseaux dans ce second cas courent encore risque de verser. Le péril n'est pas si évident que dans le premier cas, parce que comme les voiles n'ont pas tant de hauteur elles ont moins d'étenduë, & elles ne reçoivent pas une si grande impulsion de la part du vent ; ce qui fait que l'effort composé NT ne tire jamais en haut avec tant de force : mais cependant il y a toûjours quelque risque. Et c'est là même un deffaut que les voiles ayent peu d'étenduë & qu'elles reçoivent peu d'impulsion de la part du vent, puisque le Navire en doit singler moins vîte.

Fig. 3.

I V.

Enfin la verticale VT sur laquelle se joignent les impulsions du vent & de l'eau peut passer par le centre de gravité du Vaisseau comme dans le troisiéme cas & dans la quatriéme Figure. On voit sensiblement que le Navire en cette derniere rencontre ne doit pas changer sa situation horisontale. Car quelque effort que fassent l'eau & le vent joints ensemble selon VT, ils ne tendent toûjours qu'à soulever entierement le Navire, à cause de l'équilibre parfait qu'il y a de part & d'autre du centre de gravité G & de la direction VT qui passe par ce centre. La prouë, par exemple, ne doit pas s'enfoncer dans l'eau,

Fig. 4.

B iij

Fig. 4. puifqu'elle eſt foutenuë par la poupe qui eſt en état de la contrebalancer. Mais direz - vous , le vent augmentera peut-être ? Il n'importe ; car quoique l'effort compoſé devienne plus grand & que le Vaiſſeau ſoit tiré en haut avec plus de force , rien ne lui fera encore perdre ſon équilibre, & ce Vaiſſeau conſervera par conſéquent toûjours ſa ſituation horiſontale. En un mot le changement des impulſions du vent & de l'eau ne produit ici aucun autre effet , ſinon que le Navire s'élève un peu de l'eau où y retombe, par tout également : au lieu qu'il arrive dans les deux premiers cas que le Navire étant tiré en haut avec differentes forces par un endroit qui n'eſt pas ſon centre de gravité , s'incline plus ou moins du côté oppoſé & court riſque de *faire capot* pour parler en terme de Marine.

V.

Ainſi il n'eſt pas néceſſaire de pouſſer cet examen plus loin , pour reconnoître quelle eſt la meilleure diſpoſition de la voile : il eſt ſi clair que c'eſt le troiſiéme cas qui eſt préférable aux deux premiers , qu'il n'eſt pas beſoin de le faire ſentir davantage. Ce n'eſt que dans le troiſiéme cas que le Navire reſte continuellement de niveau , & qu'il n'y a aucune apparence de péril , & tant qu'on s'y conformera , on pourra encore naviger avec toute la promptitude poſſible ; car on ne ſera ſujet à aucun accident , quoiqu'on augmente l'étenduë des voiles d'une quantité extraordinaire. L'impulſion NP du vent ſera beaucoup plus grande de même que l'impulſion NR de l'eau ſur la prouë, parce que le Navire ſinglera beaucoup plus vîte : mais ces deux impulſions raſſemblées dans l'effort compoſé NT & qui tireront en haut avec beaucoup plus de force ne tendront encore qu'à ſoulever le Navire par tout également , ſans luy faire perdre ſa ſituation horiſontale. Voilà ce qui montre combien la diſpoſition du troiſiéme cas eſt parfaite, & ce qui doit faire ceſſer toutes nos irréſolutions.

Lorſqu'on voudra donc mâter un Vaiſſeau OC [Fig. 4.] il faudra faire paſſer la direction SK *du choc du vent ſur la voile par le point de concours* N *de la direction* DH *du choc de l'eau ſur la prouë & de la verticale* GT *du centre de gravité* G *du Vaiſſeau.* Autrement la direction compoſée VNT ne paſſeroit pas par le centre de gravité G, & le Navire ſeroit diſpoſé comme dans le premier ou dans le ſecond cas. Notre maxime ne ſera nullement difficile à obſerver : comme on connoît les loix que les fluides obſervent dans leur impulſion, on pourra déterminer la direction DH du choc de l'eau ſur la prouë ; puis élevant du centre de gravité ou du milieu G du Vaiſſeau la verticale GT, le point de concours de cette verticale & de la direction DH doit toûjours appartenir à la Mâture, & on pourra l'appeller *point vélique,* parce que s'il n'eſt pas néceſſaire qu'il ſe trouve toûjours dans la voile, il faut au moins que la direction de l'effort de la voile y paſſe toûjours. On menera donc par ce point N une ligne SK pour ſervir de direction au choc du vent, & il ne reſtera plus qu'à appliquer la voile, de maniere que l'impulſion qu'elle recevra tombe effectivement ſur cette ligne. Il s'enſuit de là qu'on pourra donner à la voile une infinité de différentes ſituations : car on peut conduire par le point N une infinité de differentes lignes comme SK. Il n'importe auſſi comment la voile ſoit placée, ni que ſa direction ſoit horiſontale ou inclinée pour que les impulſions du vent & de l'eau ſe réduiſent à un ſeul effort vertical NT : & il eſt évident qu'auſſi-tôt que la direction de la voile paſſe par le point de concours N de la direction DH du choc de l'eau & de la verticale GT du centre de gravité G, la direction de l'effort compoſé NT eſt toûjours appliquée au centre de gravité G; car cette direction n'eſt autre choſe que la verticale même du centre G.

Fig. 4. Maxime de Mâture pour les Vaiſſeaux dont la poupe & la prouë ſont égales.

VI.

Si on nous propose, par exemple, de mâter le Navire OC [Fig. 5.] formé par un demi cilindre couché de 80 pieds de long, dont les deux extremitez font couvertes de deux moitiez d'Hémifphere de 18 pieds de rayon, qui fervent de prouë & de poupe ; & qu'on fuppofe que ce Navire, qui approche fort de la figure des *Houcres*, * cale dans l'eau de 9 pieds, moitié de fa profondeur: on trouvera que la direction DH de l'impulfion de l'eau fur la prouë fait avec l'horifon un angle HDC d'environ 48 ½ degr. & cherchant par la Trigonometrie à quelle hauteur cet axe DH rencontre la verticale VT du centre de gravité G du Vaiffeau, (ce qui eft facile, puifqu'il ne s'agit que de réfoudre le triangle rectangle DVN dont l'angle D eft de 48 ½ degr. & le côté DV de 40 pieds moitié de la longueur du corps du Navire,) nous trouverons que cette hauteur VN du *point vélique* N eft de 45 pieds. On pourra enfuite conduire par le point N la direction SK de l'impulfion du vent comme on voudra. Mais fi on eft bien aife de placer la voile verticalement, ainfi qu'on a coûtume de le faire dans la Marine, il faudra mener cette direction SK horifontalement, & de cette forte le centre d'effort I de la voile fera à même hauteur que le *point vélique* N à 45 pieds au-deffus du Vaiffeau : & enfin pour mettre tout d'un coup le centre d'effort I à cette hauteur, il n'y aura qu'à faire la voile par tout également large, & lui donner pour hauteur le double de celle du *point vélique* ; c'eft-à-dire, qu'il faudra icy l'élever de 90 pieds.

VII.

Mais il faut remarquer que tout ce que nous venons de dire n'eft pas général, & qu'il ne convient principalement qu'aux Vaiffeaux dont la poupe & la prouë font égales,

Fig. 5.

* Certains bâtimens qui font en ufage dans les païs du Nord,

égales. Car nous n'avons compté jufqu'icy que deux caufes extérieures des mouvemens du Navire, le choq du
vent fur la voile & celuy de l'eau fur la prouë ; mais il y
en a une troifiéme à laquelle il faut avoir égard, fçavoir
une certaine force qu'a l'eau de même que toutes les autres liqueurs pour pouffer en haut les corps qu'elles fuppor-
tent. Cette force qui agit dans le centre de gravité Γ de
l'efpace qu'occupe la carene & qui eft égale à la pefanteur de la maffe d'eau qui a cédé fa place, ne tend toûjours qu'à foûtenir le Navire de la Figure 4, parce qu'elle fe trouve toûjours appliquée fous fon centre de gravité
G. Au lieu que dans la plûpart des Navires dont la poupe
& la prouë font inégales comme celuy de la Figure 9, à
mefure que ces Vaiffeaux s'élevent de l'eau par l'action de
l'effort compofé NT, le centre de gravité Γ dans lequel
fe réunit la force dont nous patlons, change de place &
cette force tend à produire quelque inclinaifon en même-tems qu'elle foûtient le Navire ; parce qu'elle ne fe
trouve plus appliquée fous fon centre de gravité G. Voilà
ce qui doit rendre infuffifante la maxime de Mâture que
nous venons d'établir ; & c'eft ce qui nous oblige d'entrer
de rechef dans l'examen des fituations & inclinaifons du
Navire, afin de découvrir quelle part peut y avoir la
force verticale de l'eau.

CHAPITRE IV.

De la partie du Navire qui s'enfonce dans la mer, & de celle
qui en doit fortir par l'action de l'effort compofé
des chocs du vent & de l'eau.

I.

IL faut que les liqueurs pouffent en haut avec une véritable force les corps qui nagent fur leurs furfaces ; au-

trement la pesanteur de ces corps les empêcheroit de flot-
ter & les feroit toûjours tomber à fond. On ne peut pas
aussi enfoncer dans l'eau quelque solide très-leger sans
éprouver cette force ; car on ressent une résistance considérable & une résistance qui augmente toûjours en même
raison que l'enfoncement. Si on plonge le solide deux fois
plus, on trouve que le liquide pousse en haut avec deux
fois plus de force ; si on le plonge trois fois plus, on trouve trois fois plus de force ; & ainsi toûjours de suite. En un
mot *cette poussée verticale* (c'est ainsi que nous appellerons désormais cette force qui agit précisément de bas en
haut) se réunit dans le centre de gravité de l'espace que la
carene du corps occupe dans la liqueur, & est toûjours
égale à la pesanteur du liquide qui a cedé sa place : c'est-
à-dire, que si un Navire enfonce dans l'eau de 10000 pieds
cubes, il sera poussé en haut avec un effort de 720000
liv. qui est le poids de 10000 pieds cubiques d'eau de mer,
à 72 livres chaque pied.

On rend facilement raison en Hydrostatique de cette
force qu'ont les liqueurs pour pousser en haut. On fait
remarquer que lorsqu'on plonge quelque corps dans l'eau,
on fait monter autant d'eau que le corps qu'on plonge a
d'étenduë, & on fait voir qu'il est naturel qu'on ressente la
pesanteur de cette eau qu'on éleve & qu'on fait sortir de
sa place ; & c'est ce qui forme *la poussée* dont nous parlons.
On montre aussi que le centre de gravité des corps qui
flottent librement est toûjours précisément au dessus ou
au dessous du centre de gravité de leur carene ; & cela
parce qu'il faut que la poussée de l'eau qui se réunit dans
le centre de gravité de la carene agisse dans la même direction que la pesanteur du solide pour pouvoir la soûtenir exactement. C'est enfin sur ces principes que lorsqu'on
veut trouver le port d'un Navire, on mesure la partie de
la carene qui s'enfonce dans la mer par la charge ; c'est-
à-dire, la partie qui fait la différence du plus grand & du
moindre enfoncement lorsque le Navire est chargé & lors-

qu'il ne l'eft pas : & fi cette partie eft de 10000 pieds cubiques, c'eft une marque qu'il faut 720000 livres ou 360
tonneaux pour la faire enfoncer dans l'eau & pour char-
ger le Navire propofé.

II.

La pouffée des liqueurs étant reconnuë, il eft facile de
découvrir ce qu'il y a de plus particulier dans les fituations
que le Navire doit prendre. On voit en premier lieu que   Fig. 1. & 3.
comme il eft tiré en haut avec force par les impulfions du
vent fur la voile & de l'eau fur la prouë qui agiffent de concert felon la verticale VNT, il doit un peu fortir de l'eau
& ne pas y occuper un efpace *a*EF*b* fi grand que fa carene AEFB qui eft l'efpace qu'il occuperoit , s'il flottoit
librement & s'il étoit en repos. Car il ne doit s'enfoncer
dans la mer, de même que tous les autres corps, qu'à proportion de fa pefanteur , & cette pefanteur eft un peu moindre, puifque l'effort compofé NT en fupporte une partie.
Il eft donc clair que fi l'effort NT tire en haut avec une
force capable de foutenir le $\frac{1}{4}$ ou le $\frac{1}{3}$ de la pefanteur du
Vaiffeau , le $\frac{1}{4}$ ou le $\frac{1}{3}$ de la carene doit s'élever de l'eau
& la partie fubmergée *a*EF*b* n'étant plus enfuite que les
trois quarts ou les deux tiers de la carene AEFB, la pouffée de l'eau qui augmente ou diminuë toûjours en même
raifon que cette partie, n'aura précifément de force que
ce qu'il en faut pour foûtenir les trois autres quarts ou les
deux autres tiers de la pefanteur du Navire dont elle eft
chargée. Ainfi fuppofé que la carene AEFB repréfente la
pefanteur entiere du Navire , la partie fubmergée *a*EF*b*
repréfentera *la pouffée* de l'eau , pendant que l'effort NT
fera exprimé par la partie non-fubmergée ou par la différence AEFB — *a*EF*b* de la carene & de la partie fubmergée : & par confequent *il doit toûjours y avoir même rap-*
port de la partie non-fubmergée de la carene à l'effort NT
que de toute la carene à la pefanteur du Navire & que de

Fig. 1. 3. *la partie submergée à la poussée verticale de l'eau*. Dans les Figures 4, 8 & 9, AEFB est la carene, *a*EF*b* la partie submergée, & A*ab*B la partie non-submergée. Dans les Figures 1 & 6, AEFB est encore la carene & *a*EF*b* la partie submergée; mais on ne doit pas prendre tout B*yb* pour la partie non-submergée, parce que A*ya* s'est plongé dans l'eau pendant que B*yb* en est sorti, & que la carene AEFB ne surpasse pas la partie submergée *a*EF*b* de tout B*yb*, mais seulement de B*yb* — A*ya*. Ainsi c'est B*yb* — A*ya* qui s'est élevé de l'eau par l'action de l'effort composé NT & qu'on doit regarder comme la partie non-submergée.

III.

Quoiqu'il en soit de cette partie non-submergée, il est maintenant sensible qu'on en trouvera la solidité en cherchant une partie de la carene, qui soit à toute la carene comme l'effort NT est à toute la pesanteur du Vaisseau. Proposons-nous, par exemple, le Navire OC de la Figure 5 dont nous avons parlé dans l'article V. du Chapitre précédent. Si on cherche la solidité de sa carene entiere sur les dimensions que nous lui avons donné, on trouvera qu'elle est de 19736 pieds cubiques, & qu'ainsi la pesanteur du Navire & de sa charge est de 1420992 livres ou de 710 tonneaux 992 livres. Supposant ensuite que la voile LM ait 100 pieds de largeur & que le vent se meuve de 50 pieds par seconde plus vîte que le Vaisseau; il résultera de la premiere supposition que la voile aura 9000 pieds quarrez de superficie, parce que sa hauteur a été fixée par nos regles à 90 pieds; & il résultera de la seconde supposition que cette voile LM recevra de la part du vent une impulsion NP de 54000 livres, parce qu'on sçait par experience que le vent fait un effort capable de soutenir environ 6 livres, lorsqu'il choque perpendiculairement, avec une vîtesse respective de 50 pieds par seconde, une surface d'un pied en quarré. Cette impulsion NP du vent étant ainsi

Fig. 5.

Fig. 5.

découverte nous aurons recours à la proportion indiquée dans l'article VI. du Chapitre II. pour trouver l'effort composé NT; le sinus de l'angle PTN égal à l'angle TNR est à l'impulsion NP comme le sinus de l'angle TPN égal à l'angle RNS est à cet effort NT; c'est-à-dire qu'icy où l'axe DH du choc de l'eau fait avec la direction SK de la voile, un angle RNS de 48 ⅓ degr. & avec la verticale VT un angle TNR de 41 ⅔ degr. nous aurons cette analogie : le sinus 66480 de l'angle PTN de 41 ⅔ degr. est à l'impulsion NP de 54000 livres comme le sinus 74703 de l'angle TPN de 48 ⅓. degr. est à 60678 livres pour l'effort NT. Si bien que les impulsions du vent sur la voile & de l'eau sur la prouë ne se réduisent qu'à cela, parce que tout le reste de leur force se détruit mutuellement. Et enfin puisqu'il y a même rapport de la partie non-submergée de la carene à l'effort NT que de toute la carene à la pesanteur du Vaisseau, il est évident que nous n'aurons plus qu'à faire cette proportion; la pesanteur 1420992 livres de tout le Vaisseau est à la solidité 19736 pieds cubiques de la carene entiere ; ainsi l'effort composé NT de 60678 livres sera à 842 ¼ pour la solidité de la partie non-submergée de la carene ; c'est-à-dire donc, que notre Navire enfoncera moins dans l'eau lorsqu'il sera sous voile que lorsqu'il sera en repos, de 842 ¼ pieds cubes.

Mais on peut parvenir au même but sans qu'il soit nécessaire de connoître la pesanteur du Vaisseau ni la solidité de sa carene ; il suffit qu'on sçache la grandeur de l'effort NT. Car de ce que le Navire est tiré en haut avec une force de 60678 livres, il s'ensuit que la poussée verticale de l'eau ne doit plus soutenir toute sa pesanteur & qu'elle doit être plus petite de 60678 livres : mais afin que la poussée de l'eau soit effectivement moindre de 60678 liv. il faut qu'il s'en manque le volume de 60678 livres d'eau que le Navire occupe autant de place dans la mer, puisque les poussées d'une liqueur sont toujours égales aux pesanteurs des masses de cette liqueur qui ont cédé leur place. Ainsi il n'y a qu'à diviser 60678 par 72 pour sçavoir combien 60678 livres d'eau valent de pieds cubiques, & le quotient 842 $\frac{1}{4}$ marquera en même-tems la solidité de la partie non-submergée de la carene, la quantité dont le Navire doit sortir de l'eau par l'action de l'effort NT.

IV.

Sçachant que la partie non-submergée est de 842 $\frac{1}{4}$ pieds cubes, il sera facile d'en trouver l'épaisseur. Cette partie est un corps plat dont la hauteur est par tout la même, puisque le Navire de la Figure 5 ne doit point perdre sa situation horisontale; & la solidité d'un pareil corps est le produit de sa hauteur par l'étenduë de sa base, qui n'est autre chose que la coupe du Navire faite au raz de la mer. C'est pourquoi il faut mesurer l'étenduë de cette base dans l'endroit où le Navire sort de l'eau; on la trouvera de 3258 pieds quarrez; & divisant la solidité 843 pieds cubes par cette étenduë 3258 pieds quarrez, on aura $\frac{843\,\text{mes}}{3258}$ d'un pied pour l'épaisseur requise de la partie non-submergée; de sorte que le Navire proposé doit s'élever de l'eau d'environ 3 pouces de hauteur verticale. Ce Navire ne doit s'élever que de cette quantité, quoique nous lui ayons donné une voile d'une fort grande étenduë, & que nous ayons supposé un vent fort rapide.

CHAPITRE V.

De l'inclinaison ou de la situation à laquelle le Vaisseau doit s'arrêter.

I.

LE second effet que peut produire l'effort NT est de faire perdre au Navire sa situation horisontale; & c'est ce qui n'arrive que parce qu'après que le Navire s'est élevé de l'eau, la direction VT de l'effort NT ou celle ΓZ de la poussée verticale de l'eau ne passe pas par le centre de gravité G. Le Navire, par exemple, de la Figure 1 a enfoncé sa proüe dans l'eau, & celui de la Figure 3 sa poupe, à cause que l'effort NT n'étoit pas appliqué au centre de gravité G, & il est sensible que l'enfoncement a dû continuer tant que la poussée de l'eau qui agit de bas en haut selon ΓZ, n'a pas eu autant de force pour élever la proüe ou la poupe que l'effort NT en a pour la faire caler davantage. C'est ce qui nous fait assurer *qu'un Navire ne peut conserver une certaine situation pendant sa route, que lorsqu'il y a équilibre de part & d'autre de son centre de gravité G, entre la poussée verticale de l'eau qui se réunit dans le centre de gravité Γ de la partie submergée aEFb, & entre l'effort composé NT des chocs du vent & de l'eau joints sur la direction verticale VT.* Cet équilibre doit avoir nécessairement lieu dans tous les cas imaginables, & s'étendre aux Vaisseaux de toutes sortes de fabriques.

I I.

Et si le Vaisseau s'inclinant de plus en plus, l'équilibre dont nous parlons ne se trouvoit pas, il n'y auroit point alors de salut, on feroit *capot*, comme cela n'arrive que trop dans les routes obliques. Pour peu que les chocs du vent sur la voile & de l'eau sur le flanc du Navire qui sert de proüe soient trop grands, le Navire [Figure 6] est tiré en haut selon VT avec une grande force & s'incline comme il est évident. Mais il porte quelquefois l'inclinaison jusqu'à recevoir de l'eau par sur son bord, & cependant la poussée verticale de l'eau réunie en Γ n'est pas assez forte pour s'opposer aux chocs du vent sur la voile & de l'eau sur la proüe, qui travaillent à augmenter l'inclinaison en tirant ensemble selon VT; c'est-à-dire, que l'effort composé NT a toujours un trop grand moment par

Fig. 6.

Fig. 6. rapport à la pouſſée de l'eau. Dans ce cas le péril eſt inévi-table & on verſe infailliblement. Mais pour l'ordinaire il n'y a pas lieu de craindre cet accident dans la route di-recte ; ou lorſqu'on ſingle vent en poupe ; car il ſuffit que le Navire s'incline un peu ſelon ſa longueur pour que le centre Γ de la pouſſée de l'eau s'écarte beaucoup du cen-tre de gravité G du Navire , & pour que cette pouſſée agiſſe avec une grande force relative. Il eſt même poſſi-ble qu'un Vaiſſeau ait un certain terme, un *non plus ultrà* qu'il ne puiſſe jamais paſſer dans ſon inclinaiſon vers l'a-vant ni vers l'arriere : & cela parce que , ſi l'effort com-poſé NT tire en haut avec plus de force , ſi le Navire ſort un peu de la mer , & que la pouſſée de l'eau devien-ne un peu plus petite , il peut arriver d'un autre côté que le centre de gravité Γ de la partie ſubmergée change de place & s'éloigne conſidérablement du centre de gravité G, ce qui peut rendre la pouſſée de l'eau, malgré la di-minution de ſa force abſoluë, capable d'empêcher un plus grand enfoncement de la proüe ou de la poupe.

III.

Les Conſtructeurs ont découvert à force de tentatives le moyen de remedier au défaut des Navires qui comme celui de la Figure 6 , ne portent pas bien la voile dans les routes obliques ; ils ont trouvé qu'il n'y a qu'à élargir ou ouvrir un peu l'angle *aEb* que font les deux flancs E*a* , E*b* ; ce qui ſe fait en ajoutant de part & d'autre quelques pieces de bois au haut de la carene. Quoique cette prati-que ſoit fort ordinaire dans tous nos Ports, perſonne , ce ſemble, n'en a donné une raiſon diſtincte : mais il eſt évi-dent , ſi on ſuit nos principes , que deux choſes contri-buënt alors à faire que le Vaiſſeau s'incline moins. Com-me le flanc E*a* eſt enſuite moins à plomb, la direction DH du choc de l'eau approche plus d'être verticale. Ainſi elle rencontre la direction SK de la voile en quelque point

quà

qui eſt entre N & I, & cela fait que la direction compoſée VT étant moins éloignée du centre de gravité G du
Vaiſſeau, l'effort compoſé NT des chocs de l'eau & du vent
tend avec moins de force à produire l'inclinaiſon. Et outre cela la pouſſée verticale de l'eau réunie en Γ tend
avec plus de force à relever le Navire, & à le remettre de
niveau : parce que le flanc E*a* étant plus enflé ou plus
ſoufflé, pour parler en terme de marine, le centre de gravité Γ dans lequel ſe réunit la pouſſée de l'eau ſe trouve plus éloigné du centre de gravité G, qui ſert d'hypomoclion ou de point fixe. On pourroit icy faire pluſieurs
autres ſemblables réflexions; comme, par exemple, qu'il
eſt toujours avantageux pour la ſûreté de la navigation que
le centre de gravité G ſoit fort bas, parce que la pouſſée
verticale de l'eau réunie en Γ fait plus d'effet pour relever le Vaiſſeau lorſque ſon centre de gravité eſt en *g*, que
lorſqu'il eſt en G ; puiſque cette pouſſée ſe trouve alors
appliquée à une plus grande diſtance du point fixe ou du
centre de gravité *g*. Ces remarques qu'on paſſe, parce qu'elles ne ſont pas abſolument néceſſaires à ce ſujet, & qu'elles ſont faciles à faire, ſeront toujours conformes à l'expérience, & très-propres à convaincre le Lecteur que c'eſt
l'équilibre de part & d'autre du centre de gravité G, entre
la pouſſée verticale de l'eau, & l'effort compoſé NT des
chocs du vent & de l'eau réunis ſur leur direction commune ou compoſée VT, qui eſt la loy génerale que les
Vaiſſeaux obſervent dans toutes leurs ſituations.

I V.

On pourroit cependant encore propoſer pour régle que
les *Navires qui ſont à la voile ne doivent reſter dans un
état conſtant que lorſque la direction compoſée* QX *de
celle* ΓZ *de la pouſſée de l'eau & de celle* VT *de l'effort
mutuel* NT *des chocs de l'eau & du vent paſſe par leur
centre de gravité* G. Car on pourroit raiſonner de la mê-

Fig. 6.

Fig. 1. 3,
& 4.

D

Fig. 1, 3, 4, 6, & 8.

me maniere fur cette direction compofée QX que nous le faifions dans le Chapitre I I I. fur la direction mutuelle VT des chocs du vent & de l'eau ; avec cette différence que ce que nous difions alors ne fe pouvoit principalement entendre que des Navires dont la poupe & la prouë font égales, au lieu que ce que nous pourrions dire icy s'appliqueroit à toutes fortes de Vaiſſeaux. Qu'on remarque donc qu'il n'y a que trois caufes extérieures des différentes fituations du Navire. 1°. L'impulfion du vent fur la voile, felon la direction SK ; 2°. le choc de l'eau fur la prouë felon la direction DH ; 3°. la pouffée verticale de l'eau felon IZ. Et qu'on confidére que ces trois caufes agiffent enfemble en tirant en haut felon la direction QX ; puifque la pouffée de l'eau agit felon IZ, que le choc de l'eau fur la prouë & celui du vent fur la voile fe réduifent au feul effort NT, & que QX eft la direction compofée de la pouffée de l'eau & de l'effort NT. On conviendra enfuite que fi la direction QX paffe en avant du centre de gravité G, le Vaiſſeau relevera néceſſairement fa prouë ; fi la direction paffe en arriére, le Navire la plongera ; & qu'enfin il ne doit refter dans une certaine fituation que lorfque la direction QX paffe par le centre de gravité G ; parce que ce n'eft qu'alors que toutes les puiffances ne tendent qu'à le foulever. Mais il eft clair que cette explication revient aifément à la premiere. Deux forces font toujours en équilibre autour de tous les points de leur direction compofée ; puifqu'il fuffit de mettre un obftacle fur cette direction pour fufpendre & arrêter l'effet total des deux forces. Et par conféquent toutes les fois que la direction compofée QX des deux IZ & VT paffe par le centre de gravité G, il y a équilibre de part & d'autre de ce centre entre la pouffée verticale de l'eau & l'effort compofé NT des chocs de l'eau & du vent.

V.

Au surplus on n'avance rien touchant la situation des Navires que ce qu'on pourroit dire d'une piece de bois OF [Figure 7.] qui nageroit sur la surface SR de l'eau, & qui seroit tirée en même-tems en l'air par une puissance T selon la direction verticale VN. Il est sensible que comme la puissance T soûtiendroit une partie de la pesanteur de la piece de bois OF, cette piece de bois ne s'enfonceroit pas tant dans l'eau, que si elle flottoit librement, & que si elle n'étoit point tirée en haut par la puissance T. Il est encore sensible que la piece de bois OF s'inclineroit ou changeroit d'état, jusqu'à ce qu'il y auroit équilibre de part & d'autre de son centre de gravité G, entre la puissance T & la poussée verticale de l'eau qui se réunit dans le centre de gravité Γ de la partie submergée *a*EF*b*: car la puissance T feroit incliner la piece de bois OF davantage, si elle n'étoit pas contrebalancée par la poussée verticale de l'eau qui se trouve située de l'autre côté du centre de gravité G, & qui agit de bas en haut selon ΓZ. Enfin il est encore évident que la piece de bois ne s'arrêteroit à une certaine situation que lorsque la direction composée QX de la direction VN de la puissance T & de celle ΓZ de la poussée de l'eau passeroit par son centre de gravité G. Car la puissance T & la poussée de l'eau doivent soûtenir ensemble la pesanteur de la piece de bois, & il est sensible qu'elles ne seront directement opposées à cette pesanteur que lorsque leur effort commun ou leur direction composée QX répondra au centre de gravité G. On voit donc que la piece de bois observera toujours dans ses situations les mêmes loix que le Vaisseau, & que tout ce qui sera vray pour l'un le sera également pour l'autre. Aussi n'y a-t-il aucune différence entre le cas de la piece de bois & celui du Vaisseau: ces deux cas sont tout-à-fait semblables; parce que si la piece de bois est tirée en haut

par une feule puiffance T, au lieu que le Vaiffeau eft ex-
pofé à l'action de deux forces, au choc du vent & à celui
de l'eau, il eft conftant par l'article V. du fecond Chapitre que ces chocs du vent & de l'eau ne fe réduifent
qu'à un feul effort ou qu'ils ne travaillent joints enfemble
que comme une feule puiffance, qui tireroit en haut felon
la verticale qui paffe par le concours de leurs directions
particuliéres.

CHAPITRE VI.

*Suite du Chapitre précedent & maxime de Mâture pour les
Vaiffeaux de toutes fortes de fabriques.*

I.

Fig. 8.

Lorfque le left ou les marchandifes font tellement dif-
pofées dans le fond de cale que le centre de gravité
du tout, du Navire & de fa charge eft dans le même endroit que le centre de gravité G de l'efpace qu'occupe la
carene AEFB, on peut encore prendre pour regle que le
Vaiffeau ne changera point d'état auffi-tôt que la verticale VNT fur laquelle les impulfions du vent & de l'eau s'e-
xercent à tirer en haut, paffera par le centre de gravité γ
de la partie non-fubmergée AabB de la carene. C'eft ce
qui eft facile à prouver.

Nous avons vû que la partie non-fubmergée AabB reprefente l'effort NT pendant que la partie fubmergée aEFb
reprefente la pouffée verticale de l'eau : on fçait outre cela
que la pouffée de l'eau fe réunit toûjours, par la nature des
liquides, dans le centre de gravité Γ de la partie fubmergée aEFb. Il eft donc évident qu'auffi-tôt que la verticale
VNT fera appliquée au centre de gravité γ de la partie
non-fubmergée, la pouffée de l'eau & l'effort NT agiront
précifément de la même maniére en tendant en haut que

les pefanteurs des deux parties *a*EF*b* & *a*AB*b* en tendant
en bas. Et comme les pefanteurs de ces deux parties font
en équilibre autour du centre de gravité G de la carene,
à caufe que toutes les parties d'un corps font en équilibre
autour de fon centre de gravité, il s'enfuit que la pouffée
de l'eau & l'effort compofé NT feront auffi en équilibre
autour de ce centre de gravité G qui l'eft en même-tems
de tout le Navire ; & qu'ainfi le Vaiffeau confervera fa fituation, felon la théorie expliquée dans le Chapitre précédent.

Dans tout équilibre, les puiffances font toujours en
raifon réciproque de leurs diftances à l'hypomoclion: c'eft-
à-dire, qu'afin que l'effort compofé NT foit icy en équilibre avec la pouffée de l'eau, il faut que la diftance du
centre de gravité G à la verticale VNT fur laquelle agit
l'effort NT foit à la diftance du même centre G à la direction ΓZ de la pouffée de l'eau, comme cette pouffée eft
à l'effort NT. Or c'eft ce qui fe trouve auffi toujours en effet, lorfque la verticale VNT répond au centre de gravité γ de la partie non-fubmergée A*a*B*b*. Ces deux forces,
la pouffée de l'eau & l'effort NT fe peuvent alors comparer en tout aux pefanteurs des deux parties *a*EF*b* & A*ab*B ;
elles font proportionelles à ces pefanteurs ; elles agiffent
fur les mêmes directions : & ainfi, puifque les pefanteurs
des deux parties *a*EF*b* & A*ab*B font en raifon réciproque
des diftances de leurs centres particuliers Γ & γ ou de
celles de leurs directions au centre G de la carene, à caufe
de leur équilibre autour de ce centre qui eft leur centre de
gravité commun ; il eft fenfible que la pouffée de l'eau &
l'effort NT feront auffi en raifon réciproque des diftances de leurs directions, ΓZ & VNT au centre G. D'où
il fuit qu'auffi-tôt que la verticale VNT paffe par le centre de gravité γ de la partie A*ab*B de la carene qui eft hors
de l'eau, il ne manque plus rien au Navire pour refter
conftamment dans le même état, finon que fon centre de
gravité foit au même endroit que celui G de la carene ;

afin que la pouſſée de l'eau & l'effort compoſé NT qui ſont
en équilibre autour du centre de gravité de la carene, le
ſoient en même-tems autour du centre de gravité G du
Navire.

II.

Mais ce qui n'a lieu que dans certains Vaiſſeaux pour
toutes les ſituations, convient à tous les Vaiſſeaux lorſqu'il
ne s'agit que de ſituations horiſontales ou de ſituations paralelles à celle que le Navire prend de lui-même lorſqu'il
eſt en repos ; & cela peut nous ſervir à déterminer généralement la véritable diſpoſition de la Mâture. Il n'importe en effet comment ſoit arrangée la charge du Navire
OC [Fig. 9.] ni que le centre de gravité G du tout ſoit
au même endroit que celui g de la carene AEFB : dès-
lorſque la direction compoſée VT des chocs de l'eau & du
vent paſſe par le centre de gravité γ de la partie A *ab* B de
la carene qui eſt hors de l'eau, il y a toujours équilibre,
comme nous venons de le voir, de part & d'autre du centre de gravité g de la carene entre l'effort compoſé NT
& la pouſſée verticale de l'eau. Mais puiſque ces deux
puiſſances ſont en équilibre autour du centre de gravité g de la carene, elles le ſeront auſſi autour du centre de
gravité G du Vaiſſeau ; car tant que le Navire reſte dans
la ſituation horiſontale, ſon centre G répond exactement
au-deſſus ou au-deſſous de celui g de la carene ſelon l'article I. du Chapitre IV ; & on ſçait d'ailleurs que les forces
verticales qui ſont en équilibre autour d'un certain point,
le ſont également autour de tous les autres points qui ſont
exactement au-deſſus ou au-deſſous dans la même verticale. Voilà ce qui montre que le Vaiſſeau placé une fois hori-
ſontalement ne ſortira point de cet état : mais nous pouvons prouver encore qu'il n'eſt pas poſſible qu'il reſte
dans quelqu'autre ſituation. Suppoſons-le pour un moment panché, par exemple, vers la prouë. Le centre de
gravité Γ de la partie ſubmergée *a* EF *b* dans lequel ſe réu-

nit la pouffée de l'eau fera alors plus avancé vers l'avant,   Fig. 9.
& plus éloigné du centre de gravité G qui fert d'hypomoclion; au lieu que la direction verticale VT fur laquelle
agit l'effort NT fera toujours à peu-près dans la même
place, à moins qu'elle ne fe trouve un peu plus proche
du centre G. Or il fuit de là que l'équilibre ne fubfiftera
plus entre l'effort NT & la pouffée verticale de l'eau, &
que cette derniere puiffance aura trop de moment ou de
force relative par rapport à l'effort NT, parce qu'elle fe trouvera appliquée à une trop grande diftance du centre G.
Ainfi cette même puiffance ne pourra pas manquer de réta-
blir fa fituation horifontale ; elle élevera infailliblement
la prouë que nous avions fuppofé trop enfoncée dans l'eau.

III.

Ce ne feroit pas la même chofe fi la Mâture étant plus
ou moins élevée, la direction SK de la voile rencontroit
la direction DH du choc de l'eau fur la prouë en quelque point au-deffus ou au-deffous de N. Car la verticale
VT pafferoit en arriere ou en avant du centre de gravité
γ, & puifque l'effort compofé NT eft en équilibre avec la
pouffée de l'eau lorfque la verticale VT fe rend en γ, il eft
clair qu'auffi-tôt que cette même verticale paffera en dedans de γ, c'eft-à-dire, entre γ & G, l'effort NT ne fera
plus affez d'effet, à caufe de fon trop peu de diftance au
point d'appuy G, pour entretenir l'équilibre : & qu'au contraire il en fera trop fi la verticale VT paffe en dehors de
γ. D'où il fuit que le Navire perdra fa fituation horifontale dans ces deux circonftances, il s'inclinera du côté
le plus foible, & l'inclinaifon fera d'autant plus grande
qu'il s'en faudra davantage que la verticale VT ne fe ren-
de en γ, parce qu'il s'en faudra auffi davantage qu'il n'y
ait équilibre & égalité de momens. C'eft donc une propofition générale *qu'un Navire ne peut refter de niveau
que lorfque la verticale VNT fur laquelle les chocs de*

Fig. 9. *l'eau & du vent se réunissent, passe par le centre de gravité γ de la partie non-submergée de la carene : & ainsi*
dans la résolution où nous sommes de ménager aux Vaisseaux de toutes sortes de figures, les mêmes avantages qu'à
ceux dont la poupe & la prouë sont égales, nous devons
éviter les deux dispositions où la Mâture est trop haute ou
trop basse, pour ne nous rapporter qu'à celle qui fait passer la verticale VNT par le centre de gravité γ de la partie AabB. Le Vaisseau ne s'inclinera ensuite d'aucun
côté, & nous serons à couvert de tous les accidens que
l'on craint ordinairement en mer.

IV.

Il se présente cependant une difficulté ; il ne paroît pas
que la plûpart des Vaisseaux soient propres à recevoir la
bonne disposition de la Mâture. Car à mesure que les
Navires s'élevent de l'eau ou s'y enfoncent, la poussée verticale de l'eau augmente ou diminuë, & elle se trouve encore appliquée à différentes distances de l'hypomoclion ou
du centre de gravité G du Vaisseau ; parce que le centre
de gravité I de la partie submergée aEFb dans lequel elle se réunit, change de place. Or afin que l'effort composé
NT fît continuellement équilibre avec cette poussée dont
l'action est ainsi variable, il faudroit, comme nous venons
de le voir, que la verticale VNT se rendît toujours au centre de gravité γ de la partie non-submergée AabB de la
carene, & c'est justement ce qui ne peut arriver que par
un grand hazard dans les Vaisseaux construits sur les proportions ordinaires. On peut bien donner une certaine
situation à la voile telle que VT passe présentément par
le centre de gravité γ de la partie AabB ; mais si le vent
vient à augmenter ou à diminuer, le Vaisseau étant tiré
plus ou moins selon VT par les chocs de l'eau & du vent,
sortira plus ou moins de l'eau, & selon toutes les apparen-
ces, la verticale VT ne passera plus par le centre de gravité

vité *y* de la partie de la carene qui fera hors de l'eau :
car la verticale VT & le centre *y* changeront de place &
ils ne feront pas fujets aux mêmes changemens. VT qui
eft la direction compofée des deux SK & DH reçoit fon
changement de DH, qui reçoit le fien de ce que l'eau ne
frappe pas fur les mêmes parties de la prouë lorfque le Navire eft plus ou moins enfoncé : & le centre de gravité *y*
change fimplement ; parce que la partie de la carene qui
eft hors de l'eau n'eft pas toujours la même. Ainfi il eft
clair que fi on vouloit remplir fcrupuleufement les conditions d'une Mâture parfaite, on feroit obligé de toucher
à la carene pour en regler * la figure & l'accommoder fur
celle de la prouë.

Fig. 9.

* Voyez
le dernier
Chap. de la
feconde
Section.

V.

Mais la difficulté s'évanouit auffi-tôt qu'on confulte l'expérience ou qu'on fe rappelle le calcul du Chapitre IV.
car on voit que l'effort NT ne fait jamais fortir de l'eau
qu'une partie prefque infenfible A*ab*B de la carene, une
partie qui n'a jamais que 3 ou 4 pouces d'épaiffeur. Pendant que la poupe, par exemple, s'élève de l'eau d'une
certaine quantité dans les Navires dont la Mâture eft imparfaite ; d'un autre côté la prouë fe plonge dans l'eau d'u-
ne quantité prefque égale, & de cette forte les Navires oc-
cupent toujours à peu près le même efpace dans la mer.
Cela fuppofé, la direction DH du choc de l'eau ne doit pas
fouffrir de grands changemens, & il fuffit de faire paffer
la verticale VNT par le centre de gravité de la coupe horifontale du Navire prife à fleur d'eau, pour qu'elle paffe
fenfiblement par le centre de gravité *y* de la partie non-
fubmergée A*ab*B & pour que la Mâture foit bien difpo-
fée. Car, puifque les Navires s'élèvent fi peu de l'eau lorfque le vent a le plus de force, on peut regarder la partie
non-fubmergée de leur carene comme une fimple furface,
ou comme une tranche fans aucune épaiffeur, & il ne doit

E

Fig. 2.

Maxime
de Mâture
pour les
Vaiſſeaux
de toutes
ſortes de
Fabriques.

y avoir aucune différence ſenſible entre le centre de gravité de cette tranche & celui y de la partie A*ab*B de la
carene qui ſort effectivement de l'eau.

Ainſi voicy à quoi ſe réduit la bonne Mâture dans
tous les Vaiſſeaux, & on ſera maintenant diſpenſé d'examiner ſi leur poupe & leur proüe ſont égales. *C'eſt de fai-*
re en ſorte que le point N où la direction SK de la voile
rencontre la direction DH du choc de l'eau ſur la proüe, ré-
ponde exactement au-deſſus du centre de gravité de la
coupe du Navire priſe à fleur d'eau, ou ce qui revient au
même, c'eſt de faire paſſer la direction SK de la voile par
le point de concours N de la direction DH du choc de l'eau
ſur la proüe, & de la verticale VT du centre de gravité de
la coupe horiſontale du Navire faite au raz de la mer. Car
pour peu que la direction SK de la voile paſſeroit par-deſ-
ſus ou par-deſſous le point N, elle rencontreroit DH en
un point plus avancé vers la poupe ou vers la proüe, & les
chocs du vent & de l'eau ne ſe réuniroient plus dans la verticale VT du centre de gravité y; ils ſe réuniroient ſur une
direction verticale qui paſſeroit en arriere ou en avant de
ce centre, & cela romproit tout l'équilibre dont nous avons
beſoin. Le Navire s'inclineroit, comme on le ſçait, vers
la proüe ou vers la poupe, & l'inclinaiſon pourroit être
exceſſive, parce qu'elle dépend des forces relatives de la
pouſſée de l'eau & de l'effort compoſé NT; forces relatives qui peuvent être fort grandes, lorſque même la force
abſoluë de ces deux puiſſances eſt fort petite. Suivant notre maxime nous avons deux choſes à trouver pour pouvoir déterminer la diſpoſition parfaite de la Mâture. 1°. Le
centre de gravité de la première tranche horiſontale de la
carene & ſa verticale VT. 2°. La direction DH du choc
de l'eau ſur la proüe. Et l'interſection de ces deux lignes
ſera le *point vélique* par lequel il ne reſtera plus qu'à
faire paſſer la direction DH du choc du vent ſur la voile.

VI.

On n'a point ofé jufques icy donner une grande étenduë aux voiles, parce que comme il n'y avoit pas de
moyen sûr pour en déterminer la fituation, on a toujours
eu lieu d'apprehender que le Vaifleau ne fût fujet à une
inclinaifon confidérable. Mais nous pouvons maintenant
augmenter la grandeur des voiles fans rien craindre de la
plus grande violence du vent. Car quelque puiflance qu'ait
enfuite l'effort compofé NT, il ne fera que foulever une
plus grande partie $AabB$ de la carêne, une partie qui aura peut-être 6 pouces d'épaifleur; mais comme toutes les
coupes horifontales de la carêne qu'on peut concevoir dans
une épaifleur non-feulement de 6 pouces, mais même d'un
pied, doivent être fenfiblement des figures femblables, &
avoir toutes leur centre de gravité au-deffous les unes des
autres dans la même verticale; c'eft affez que la verticale
VT fur laquelle agit l'effort compofé NT des chocs du
vent & de l'eau, paffe par le centre de gravité de la premiere tranche de la carêne, pour qu'elle paffe auffi par
le centre de gravité γ de la plus grande partie $AabB$ de
la carêne qui s'élevera de l'eau. Or c'eft-là felon les articles II. & III. de ce Chapitre la feule condition qui carac-
terife la bonne Mâture; & ainfi on fera continuellement
à couvert du péril, malgré la rapidité du fillage & la
grande étenduë de la voile.

CHAPITRE VII.

Maniére de trouver la direction de l'impulsion de l'eau sur la prouë.

I.

NOus nous difpenferons icy de traiter de la maniére de déterminer le centre de gravité de la premiere tranche de la carene , & de tracer fa verticale : mais quoique nous pourrions nous difpenfer auffi de traiter de la maniére de découvrir la direction de l'impulfion de l'eau fur la prouë , nous allons en parler dans ce Chapitre , afin de répandre un plus grand jour fur notre fujet. Un fluide qui choque perpendiculairement une fuperficie , agit deffus avec toute fa force abfoluë : mais lorfqu'il vient la rencontrer obliquément , il ne lui en communique qu'une partie , qui eft d'autant plus petite que l'obliqui-té eft plus grande. Si , par exemple , [dans la Figure 10] AB reprefente une fuperficie expofée obliquement au cours d'un fluide dont CD eft la direction ; & fi CD reprefente l'efpace que parcourt une molécule C du fluide dans une feconde de tems , on ne peut pas dire que cette molécule C choque la fuperficie AB avec toute la vîteffe CD : car quoiqu'elle avance de tout CD dans une feconde , elle ne s'approche cependant de la fuperficie AB , que de la quantité CE perpendiculaire à la fuperficie ; ainfi c'eft CE qui doit exprimer le choc de chaque molécule , & non pas CD. Or CD étant prife pour rayon , CE fera le finus de l'angle CDA. Il s'enfuit donc que les impreffions des particules d'un fluide dépendent des finus des *angles d'incidence* CDA formez par la direction du fluide & par la fuperficie : de forte que fi le *finus d'incidence* eft double ou triple , l'impulfion que fera chaque molécule fera auffi double ou triple.

Fig. 10.

II.

Puifque les molécules du fluide n'agiffent fur la fuperficie que felon le fens perpendiculaire CE fuivant lequel
elles s'en approchent , il eft évident que le fluide ne doit
auffi pouffer la fuperficie que perpendiculairement. C'eft
pourquoi , lorfqu'il s'agira de trouver l'axe de l'impulfion d'un fluide fur une fuperficie AB , il n'y aura qu'à lui
élever une perpendiculaire DH en fon milieu D. Cela
fuffira pour les challans, & pour toutes les efpeces de Navires dont la prouë eft formée par une feule furface plane
inclinée en avant.

III.

Et quant à nos Vaiffeaux de mer dont les prouës font
terminées par des furfaces courbes, on les divifera en un
fi grand nombre de parties, qu'on pourra prendre ces parties pour des furfaces planes. On cherchera l'axe de l'impulfion que reçoit chaque de ces parties ; & compofant enfuite tous ces axes ou toutes ces directions (felon les loix
de la compofition des mouvemens) on trouvera enfin une
feule direction équivalente à toutes les autres ; & ce fera
l'axe de l'impulfion totale. Il eft vrai qu'à prendre la chofe
dans la rigueur , il faudroit que le nombre des parties dans
lefquelles on divifé la prouë fût infini , afin que ces parties fuffent planes. Mais bien loin que cette condition
nous doive faire craindre quelque mauvais fuccès , c'eft
elle au contraire qui nous fait heureufement réuffir ; parce que c'eft elle qui nous donne occafion d'y appliquer le
calcul intégral. C'eft ce qu'on va voir pour toutes les prouës
faites en demi conoïde. Et , afin de n'être pas obligé de re-
commencer dans la fuite une nouvelle recherche , nous allons fuppofer que le Navire fe meut obliquement par rapport à fa quille.

IV.

Fig. 11. 12. Que BADE [Fig. 11, & 12.] soit le demi conoïde
qui sert de proüe, formé par la révolution de la ligne
courbe AD autour de son axe AC; nous diviserons la
superficie de la proüe en une infinité de zones, comme
D*d*EB*d* par des circonferences de cercles DEB, *d*E*b* qui
ont les differentes ordonnées du conoïde pour rayons ; &
nous diviserons ces circonferences en une infinité de petites parties comme F*f*. Ces divisions faites à l'infini feront cause que chaque petite partie F*f* pourra être con-
siderée comme une ligne droite, & que cherchant l'impulsion que cette partie F*f* ressent de la part de l'eau, il
sera facile de trouver l'impulsion que doit recevoir la demie circonférence entiére DEB. Car de même que les
F*f* sont les élemens de la demie circonférence, de même
aussi les petites impulsions que reçoivent les F*f* sont les
élemens de l'impulsion entiere que reçoit la demie circonférence DEB; & il suffira par consequent d'intégrer
les impulsions sur F*f* ou d'en prendre la somme infinie pour
trouver l'impulsion sur DEB. Après cela nous multiplierons
l'impulsion sur DEB par *d*D; le produit nous donnera,
comme il est évident, l'impulsion de l'eau sur la zone
*d*DE*b*B, puisque *d*D en est la largeur. Mais puisque cette impulsion sur la zone est aussi l'élement de l'impulsion
que supporte la proüe entiere, nous n'aurons qu'à intégrer une seconde fois pour trouver l'impulsion totale. Et
cette impulsion trouvée, nous en chercherons l'axe en employant le principe ordinaire de statique.

V.

Pour exécuter tout cela, je méne de chaque point F une
ligne horisontale FI qui est le sinus de l'arc FE; une verticale FH qui est sinus de l'arc de complement FD; un

rayon FC au centre C de la zone , & une paralelle FL à
l'axe AC; & j'éleve enfuite de chaque point F une perpendiculaire FG à la fuperficie du conoïde. Toutes ces perpendiculaires font égales dans la même zone *dEb*,& fe rencontrent toutes au même point G de l'axe , comme il eft
évident. On peut les confiderer comme des diagonales
d'un folide rectangle qui auroit IC pour hauteur & pour
bafe le plan horifontal IFLO dans lequel eft la direction
FK du liquide. Cette direction eft fituée obliquement ,
parce qu'elle eft, à proprement parler, la direction du Vaiffeau même auquel nous faifons prendre icy une route o-
blique, afin de rendre nos formules plus générales. La route ou la direction FK fait avec FL paralelle à l'axe AG, un
angle KFL qui eft le même dans tous les points F , parce
qu'il eft toujours égal à l'angle que fait la route du Vaiffeau
avec fa quille , qu'on appelle ordinairement *angle de la
dérive*.

Fig. 11. &
12.

§ I.

Pour venir à la mefure de l'angle d'incidence duquel
dépend chaque impulfion , je remarque qu'il eft le complement de l'angle GFK que fait la direction FK avec la
perpendiculaire FG à la fuperficie du conoïde. Cela eft fenfible , parce que l'angle d'incidence eft formé par la direction FK & la fuperficie du conoïde, & que FG eft perpendiculaire à cette fuperficie. Ainfi fi, du point G rencontre
de FG & de l'axe AC , nous abaiffons une perpendiculai-
GN fur la direction FK , l'angle FGN fera égal à celui
d'incidence, & dans le triangle rectangle FGN l'hypo-
ténufe FG reprefentant le finus total, le côté FN fera le
finus de l'incidence de l'eau fur l'endroit F de la fuperficie
du conoïde. Mais on peut déterminer ce finus d'une maniere bien plus commode pour fournir une expreffion.
C'eft d'abaiffer du point O la perpendiculaire ON fur la
direction FK, & le point N de rencontre fera le même que
fi la perpendiculaire fortoit du point G. Pour s'en con-

Fig. 11. &
12.
vaincre, il suffit de faire attention que comme la ligne
GO est perpendiculaire au plan IL, tous les triangles
GON qu'on peut former par la verticale GO qui sert
de côté commun à tous, & par des lignes ON & GN
qui concourent il n'importe en quel point N de la direction FK, sont rectangles en O : ainsi aussi-tôt qu'on aura trouvé l'hypoténuse GN la plus courte, ce qui n'arrivera que lorsqu'elle sera perpendiculaire à FK, on aura
aussi trouvé la ligne la plus courte ON. D'où il suit que
toutes les fois que GN est perpendiculaire à la direction
FK, la ligne ON est aussi perpendiculaire à cette direction,
& ainsi ON peut servir également à limiter la longueur du
sinus d'incidence FN.

VII.

Si nous portons maintenant sur la paralelle FL à l'axe
la grandeur $FY = h$, & que du point Y abaissant la perpendiculaire YK sur la direction, elle se trouve égale à
m & fasse $FK = n$: si deplus nous nommons r le rayon
CD du cercle DEB & q le quart DFE de sa circonference ; s la sousperpendiculaire CG ; p la perpendiculaire
FG, & qu'enfin $LO = FI$ soit appellé z ; il sera facile de
trouver la valeur du sinus FN. Car en menant LM perpendiculaire à la direction, nous aurons $FY = h \mid FK = n \parallel$
$FL = CG = s \mid FM = \frac{ns}{h}$; & du point O conduisant OZ
paralelle à la direction jusqu'à ce qu'elle rencontre LM
prolongée, on formera le triangle LZO semblable au triangle FKY, parce que l'angle FLO étant droit, l'angle ZLO
est le complement de FLM, & partant égal à l'angle KFY,
& de plus les deux triangles sont rectangles en Z & en K.
Or cette ressemblance nous donne cette proportion,
$FY = h \mid YK = m \parallel LO = z = FI \mid ZO = \frac{mz}{h}$. Et comme $ZO = MN$, parce que la figure ZN est un rectangle
par

Fig. 11, & 12.

par la conftruction, il s'enfuit que $MN = \frac{mz}{b}$ & par confequent $FN = FM + MN = \frac{ns + mz}{b}$. Mais c'eft lorfque
le point F eft du côté de la *dérive* comme dans la Figure
11. Car s'il étoit placé de l'autre côté, il faudroit retrancher, comme on le voit dans la Figure 12, la partie MN
de FM & on trouveroit alors $\frac{ns - mz}{b}$ pour FN, de forte
que pour fatisfaire aux deux cas, nous n'avons qu'à dire
que FN eft exprimé par $\frac{ns \pm mz}{b}$. Et comme cette ligne FN
n'eft finus de l'angle d'incidence du liquide fur le point F
de la proüe que lorfque $FG = p$ reprefente le finus total,
il eft évident que prenant dans la fuite la conftante n pour
le finus total au lieu de FG, on trouvera que $\frac{n^2 s \pm nmz}{bp}$
exprime le finus d'incidence, parce que $p \left| \frac{ns \pm mz}{b} \right| \left| n \right|$
$\frac{n^2 s \pm nmz}{bp}$ & $\frac{n^4 s^2 \pm 2 n^3 msz + n^2 m^2 z^2}{b^2 p^2}$ fera le quarré de ce
finus.

V I I I.

Nommant donc, *du*, la petite particule Ff du quart de
cercle DFE, nous aurons $\frac{n^4 s^2 \pm 2 n^3 msz + n^2 m^2 z^2}{b^2 p^2} \times du$,
pour l'impreffion entiere que reçoit Ff felon la direction
perpendiculaire FG. Je multiplie *du* par le quarré finus d'incidence $\frac{n^2 s \pm nmz}{bp}$, quoique les impreffions que fait une
particule du liquide fuivent le rapport du finus d'incidence : parce que la multitude des particules ou goutes d'eau
qui viennent frapper $Ff = du$, change auffi felon le finus
d'incidence ; ce qui doit faire fuivre aux impulfions totales que les goutes d'eau forment enfemble, le rapport des
quarrez des finus d'incidence. C'eft-à-dire, fi le finus
d'incidence devient double, qu'outre que chaque parti-

F

cule du liquide fera une impreſſion double , comme on l'a montré cy-deſſus dans le premier article de ce Chapitre , il y aura encore deux fois autant de particules qui contribueront à l'impreſſion totale , parce que la ſurface ſera deux fois plus expoſée au cours du liquide : d'où il ſuit que l'impulſion entiere ſera quadruple & aura augmenté comme le quarré du ſinus d'incidence.

IX.

Mais cette impreſſion $\dfrac{n^4 s^2 + 2n^3 msz + n^2 m^2 z^2}{h^2 p^2} \times du$ que ſupporte $Ff = du$ ſelon la direction FG , peut ſe diviſer en trois déterminations différentes : la premiere eſt paralelle à l'axe du conoïde ſelon FL , & nous l'appellerons *directe* ; la deuxiéme eſt horiſontale & perpendiculaire à l'axe ſelon FI , & on peut l'appeller *latérale* ; & enfin la troiſiéme eſt *verticale* ſelon FH. Ou bien on peut diviſer l'impulſion abſoluë qui agit ſelon FG en deux déterminations ; l'une ſelon l'axe CG , l'autre ſelon le rayon ou la perpendiculaire FC à l'axe , & cette ſeconde détermination ſe ſubdiviſera en deux autres ſelon FI & FH , ce qui donne encore les trois déterminations ſimples FL , FI , FH équivalentes enſemble à la ſeule FG. On peut auſſi trouver facilement les trois forces qui agiſſent ſelon ces trois ſens , puiſqu'elles ſont exprimées par les trois lignes FL , FI , FH , lorſque FG repreſente l'impreſſion abſoluë. Ainſi

$$FG = p \;\Big|\; FL = s \;\Big\|\; \dfrac{n^4 s^2 + 2mn^3 sz + n^2 m^2 z^2}{h^2 p^2} \times du \;\Big| \quad \ldots \ldots$$

$$\dfrac{n^4 s^3 + 2mn^3 s^2 z + n^2 m^2 s z^2}{h^2 p^3} \times du \text{ pour l'impulſion relative ſe-}$$

lon l'axe ; $FG = p \;\Big|\; FI = z \;\Big\|\; \dfrac{n^4 s^2 + 2mn^3 sz + n^2 m^2 z^2}{h^2 p^2} \times du$

$$\Big|\; \dfrac{n^4 z s^2 + 2mn^3 s z^2 + n^2 m^2 z^3}{h^2 p^3} \times du \text{ pour l'impulſion horiſontale}$$

ſelon le ſens perpendiculaire à l'axe ; & enfin $FG = p \;\big|$

$$FH = \sqrt{r^2 - z^2} \;\Big\|\; \dfrac{n^4 s^2 + 2mn^3 sz + n^2 m^2 z^2}{h^2 p^2} \times du \;\Big| \quad \ldots \ldots$$

$$\frac{n^4 s^2 \pm 2mn^3 sz + n^2 m^2 z^2}{h^2 p^3} \times du \, \sqrt{r^2 - z^2}$$ pour l'impulsion re- lative selon la détermination verticale.

X.

Je transforme ces trois impulsions, en substituant $\frac{rdz}{\sqrt{r^2 - z^2}}$ à la place de du (parce que regardant FI $= z$ comme une quantité variable dont la différence est F$t = dz$ afin de l'accommoder à tous les points F du quart de cercle DFE ou EB, il vient à cause de la ressemblance du grand triangle FCI & du petit fFt la proportion, CI $= \sqrt{r^2 - z^2}$ | FC $= r$ || F$t = dz$ | F$f = du = \frac{rdz}{\sqrt{r^2 - z^2}}$.) La premiere impulsion se réduit à $\frac{n^4 s^3 r dz}{h^2 p^3 \sqrt{r^2 - z^2}} \pm \frac{2mn^3 rs^2 z dz}{h^2 p^3 \sqrt{r^2 - z^2}} + \dots$ $\frac{r n^2 m^2 s z^2 dz}{h^2 p^3 \sqrt{r^2 - z^2}}$. La seconde à $\frac{n^4 r^2 z dz}{h^2 p^3 \sqrt{r^2 - z^2}} \pm \frac{2mn^3 rs z^2 dz}{h^2 p^3 \sqrt{r^2 - z^2}} +$ $\frac{m^2 n^2 s z^3 dz}{h^2 p^3 \sqrt{r^2 - z^2}}$. Et la troisiéme à $\frac{n^4 rs^2 dz}{h^2 p^3} \pm \frac{2mn^3 rs z dz}{p^2 h^3} + \dots$ $\frac{n^2 m^2 rz^2 dz}{h^2 p^3}$. Et je considére ensuite que puisque ces grandeurs expriment les impressions relatives faites en différens sens sur une petite particule Ff du quart de cercle DFE, les intégrales marqueront les efforts que reçoit le quart de cercle entier DFE, ou EB selon les mêmes déterminations : c'est-à-dire, que la lettre $\int$ marquant l'intégrale des grandeurs qu'elle précede, nous aurons

$$\frac{n^4 s^3}{h^2 p^3} \int \frac{rdz}{\sqrt{r^2 - z^2}} \pm \frac{2mn^3 rs^2 \sqrt{r^2 - z^2}}{h^2 p^3} + \frac{2mn^3 r^2 s^2}{h^2 p^3} \dots$$
$$\frac{n^2 m^2 rs \sqrt{r^2 - z^2}}{2 h^2 p^3} + \frac{n^2 m^2 rs}{2 h^2 p^3} \int \frac{rdz}{\sqrt{r^2 - z^2}}$$

pour l'impulsion que reçoit chaque quart de cercle DFE ou quelqu'un de ses arcs EF selon la détermination paralelle à l'axe ; & intégrant les deux autres impulsions que reçoit le même élement Ff de la circonférence, on trouve que la seconde

Fig. 11. &12.

impulsion c'est-à-dire, celle qui agit horisontalement & perpendiculairement à l'axe, est $-\dfrac{n^4 r s^2 \sqrt{r^2 - z^2}}{h^2 p^3} + \dfrac{n^4 r^2 s^2}{h^2 p^3} + \dfrac{mn^3 rsz \sqrt{r^2 - z^2}}{h^2 p^3} + \dfrac{mn^3 r^2 s}{h^2 p^3} \displaystyle\int \dfrac{rdz}{\sqrt{r^2 - z^2}} - \dfrac{n^2 m^2 rz^2 \sqrt{r^2 - z^2}}{3 h^2 p^3} - \dfrac{2 n^2 m^2 r^3 \sqrt{r^2 - z^2}}{3 h^2 p^3} + \dfrac{2 n^2 m^2 r^4}{3 h^2 p^3}$, & la troisiéme impulsion qui est celle que reçoit le quart de cercle entier DFE ou quelqu'un de ses arcs EF selon le sens vertical, se trouve de $\dfrac{n^4 r s^2 z}{h^2 p^3} + \dfrac{mn^3 rsz^2}{h^2 p^3} + \dfrac{n^2 m^2 rz^3}{3 h^2 p^3}$. Il faut remarquer qu'ayant supposé $z = o$, j'ay ajouté aux intégrales précédentes les quantitez qui leur manquoient, & qu'ainsi elles sont completes.

XI.

Mais puisque nous supposons icy que le demi conoïde est entiérement submergé, nous pouvons introduire r à la place de z dans les valeurs précédentes, & q à la place de $\displaystyle\int \dfrac{rdz}{\sqrt{r^2 - z^2}}$; parce que dans ce cas, le sinus z se confond avec le rayon CD $= r$, & l'arc EF qui est égal à $\displaystyle\int \dfrac{-rdz}{\sqrt{r^2 - z^2}}$, puisque $\dfrac{rdz}{\sqrt{r^2 - z^2}} = du = Ff$, devient alors ED ou EB $= q$ quart de toute la circonférence du cercle. Nous trouverons donc que la résistance que ressent chaque quart de cercle selon la détermination paralelle à l'axe est $\dfrac{n^4 s^3 q}{h^2 p^3} + \dfrac{2 mn^3 r^2 s^2}{h^2 p^3} + \dfrac{n^2 m^2 r^2 sq}{2 h^2 p^3}$, parce que tous les termes qui sont multipliez par $\sqrt{r^2 - z^2} = o$ deviennent nuls. Nous aurons aussi pour la résistance dans le sens horisontal & perpendiculaire à l'axe $\dfrac{n^4 r^2 s^2}{h^2 p^3} + \dfrac{mn^3 r^2 cq}{h^2 p^3} + \dfrac{2 n^2 m^2 r^4}{3 h^2 p^3}$; & enfin pour celle qui agit dans le sens vertical $\dfrac{n^4 s^2 r^2}{h^2 p^3} + \dfrac{mn^3 r^3 s}{h^2 p^3} + \dfrac{n^2 m^2 r^4}{3 h^2 p^3}$.

Il est vrai que si ces expressions marquent infailliblement l'impulsion du fluide pour la moitié de la prouë qui est du côté de la dérive, il n'est pas sûr qu'elles le fassent toujours pour l'autre moitié. Car on voit dans la Figure 13, où les lignes KB, KF, K*f* representent des directions paralelles du liquide, que pendant que la moitié de la prouë du côté de AB est toute choquée par l'eau, l'impulsion ne se fait ressentir de l'autre côté que sur la partie EAF*f* terminée par les points F, *f*, où les directions KF, K*f* du liquide sont tangentes à la superficie de la prouë. Mais on peut non-seulement répondre que ce cas doit être assez extraordinaire dans la pratique, parce que l'obliquité de la route par rapport à la quille est ordinairement plus petite; mais encore que les formules qui donneront l'impulsion de l'eau comme si elle se faisoit sur toute la demie prouë ADE, quoy qu'elle ne se fasse effectivement que sur A*ff*E ne seront jamais sujettes à une erreur considérable, parce que la partie F*ff*D sera toujours située si obliquement, que l'eau ne pourroit faire que très-peu d'effet si elle la pouvoit rencontrer. Et enfin au lieu d'intégrer dans la Figure 12. les petites impulsions sur F*f* jusqu'au point D, comme nous l'avons fait cy-devant, on pourroit bien ne les intégrer que jusqu'au point F où finit l'impulsion sur le quart de cercle ED. Et on détermineroit ce point, en faisant z ou FI égale à $\frac{ns}{m}$ ainsi que le démontreront aisément ceux qui sont un peu Géométres.

XII.

Jusqu'icy les grandeurs r, s, p ont été constantes, parce que nous ne voulions examiner que chaque quart de cercle en particulier, & que le rayon CE, la soûpendiculaire CG & la perpendiculaire FG est la même pour tous les points F du même cercle. Mais comme nous voulons maintenant comparer les impressions de differens cercles &

Fig. 11,
& 12.
 même de différentes zones, il nous faut mettre à la place de r les ordonnées comme CE de la ligne courbe AXE qui a formé le conoïde par sa révolution. J'appelleray y ces ordonnées & x les abscisses correspondantes comme AC: nous mettrons par conséquent $\frac{qy}{r}$ à la place de q, parce que $\frac{qy}{r}$ est le quart de la circonférence du cercle dont y est le rayon puisque $r \mid y \parallel q \mid \frac{qy}{r}$; & à la place de CG $= s$ & de FG $= p$ nous substituerons ces expressions $\frac{y\,dy}{dx}$ & $\frac{y\sqrt{dx^2 + dy^2}}{dx}$ que nous fournit le calcul différentiel pour la soûperpendiculaire & la perpendiculaire. La premiere resistance selon l'axe,

$$\frac{n^4 s^3 q}{b^2 p^3} + \frac{2mn^3 r^2 s^2}{b^2 p^3} + \frac{n^2 m^2 r^2 s q}{2 b^2 p^3}$$

se changera de cette maniére en

$$\frac{2n^4 \rho y\, dy^3 + 4mn^3 ry\, dy^2 dx + n^2 m^2 \rho y\, dy\, dx^2}{2 b^2 r \times \overline{dx^2 + dy^2}^{\frac{1}{2}}}$$

la seconde résistance selon la détermination horisontale & perpendiculaire à l'axe se changera en

$$\frac{3n^4 ry\, dy^2 dx + 3mn^3 qy\, dy\, ax^2 + 2n^2 m^2 ry\, dx^3}{3 b^2 r \times \overline{dx^2 + dy^2}^{\frac{1}{2}}}$$

& enfin la troisiéme résistance selon le sens vertical en . . . .

$$\frac{3n^4 y\, dy^2 dx + 3mn^3 y\, dy\, dx^2 + n^2 m^2 y\, dx^3}{2 b^2 \times \overline{dy^2 + dx^2}^{\frac{1}{2}}}$$

; de sorte que voilà trois expressions en termes variables qui sont générales pour tous les quarts de cercle tracez sur la superficie de la prouë & considerez sans aucune largeur.

XIII.

Nous cherchons ensuite les résistances que souffrent les zones mêmes dDEBb contenuës entre deux circonférences de cercles. Cela est facile ; car puisque nous avons déja découvert les differentes résistances du quart de cercle DFE ; il n'y a qu'à les multiplier par la largeur Dd qui est par tout la même, pour avoir les résistances du quart de zone dDFE & ainsi de suite de toutes les autres. Or cette largeur dD de la zone, qui est une petite particule ou un élement de la ligne courbe qui a formé le conoïde

Fig. 11 & 12.

est toujours égale à $\sqrt{dx^2 + dy^2}$ lorsque les ordonnées y sont perpendiculaires à la ligne des abscisses x, comme on l'apprend par la considération des différentielles ; ainsi la résistance selon l'axe que trouve le quart de zone dDFE ou EBb est $\dfrac{2n^4qydy^3 + 4mn^3rydy^2dx + n^2m^2qydydx^2}{2h^2r \times dx^2 + dy^2}$; la résistance horisontale selon la perpendiculaire à l'axe est...,. $\dfrac{3n^4rydy^2dx + 3mn^3qydydx^2 + 2m^2n^2rydx^3}{3h^2r \times dy^2 + dx^2}$, & la troisiéme résistance qui est celle que chaque côté de zone dDE ou EBb ressent selon la détermination verticale est...).....). $\dfrac{3n^4ydy^2dx + 3mn^3ydydx^2 + n^2m^2ydx^3}{3h^2 \times dy^2 + dx^2}$. Voilà les expressions des trois impulsions & elles conviennent à toutes les zones.

XIV.

Mais enfin, puisque les résistances que la prouë ressent selon les trois différentes déterminations sont composées des résistances de toutes les zones comme dDFE, il est évident que si on intégre les trois expressions que nous avons découvert en dernier lieu, nous trouverons les trois résistances ou impulsions entiéres que reçoit chaque quart du conoïde ou chaque moitié de la prouë de part & d'autre de l'axe ; parce que les résistances des zones sont les élemens des trois résistances totales de même que les zones sont les élemens de la superficie de la prouë. Par conséquent $\displaystyle\int \dfrac{2n^4qydy^3 + 4mn^3rydy^2dx + n^2m^2qydydx^2}{2h^2r \times dx^2 + dy^2}$ exprime l'impulsion directe ou l'impulsion que reçoit chaque moitié de la prouë de part & d'autre de la quille selon la détermination de l'axe ; $\displaystyle\int \dfrac{3n^4rydy^2dx + 3mn^3qydydx^2 + 2n^2m^2rvdx^3}{3h^2r \times dx^2 + dy^2}$ exprime l'impulsion relative selon la détermination horisontale perpendiculaire à l'axe & .... $\displaystyle\int \dfrac{3n^4ydy^2dx + 3mn^3ydydx^2 + n^2m^2ydx^3}{3h^2 \times dx^2 + dy^2}$ désigne l'impulsion dans

 le sens vertical, ou bien marque avec quelle force chaque
moitié de la prouë est poussée en haut par le choc du liquide.

XV.

Pour trouver maintenant les axes des impulsions relatives que nous venons de découvrir, il n'y a qu'à employer
le principe général de statique par le moyen duquel on
peut reconnoître la direction composée d'une infinité de
directions. Pour déterminer la distance de l'axe de l'impulsion selon la quille au plan vertical CIOG qui passe
par l'axe, il faut d'abord multiplier chaque petite im-
pulsion $\dfrac{n^4 s^3 r dz}{h^2 p^3 \sqrt{r^2 - z^2}} \pm \dfrac{2 mn^3 r s^2 z dz}{h^2 p^3 \sqrt{r^2 - z^2}} + \dfrac{n^2 m^2 s r z^2 dz}{h^2 p^3 \sqrt{r^2 - z^2}}$ que reçoit l'élement Ef, par sa distance $FI = z$ au plan vertical
CIOG, le produit $\dfrac{n^4 s^3 r z dz + 2 mn^3 r s^2 z^2 dz + n^2 m^2 s r z^3 dz}{h^2 p^3 \sqrt{r^2 - z^2}}$ sera
le moment de l'impulsion que souffre la petite particule
Ef du quart de cercle DFE & l'intégrale $- \dfrac{n^4 s^3 r \sqrt{r^2 - z^2}}{h^2 p^3}$
$+ \dfrac{n^4 s^3 r^2}{h^2 p^3} \mp \dfrac{mn^3 r s^2 z \sqrt{r^2 - z^2}}{h^2 p^3} \pm \dfrac{mn^3 r^2 s^2}{h^2 p^3} \int \dfrac{r dz}{\sqrt{r^2 - z^2}} - \dots$
$- \dfrac{n^2 m^2 s r z^2 \sqrt{r^2 - z^2}}{3 h^2 p^3} - \dfrac{2 n^2 m^2 s r^3 \sqrt{r^2 - z^2}}{3 h^2 p^3} + \dfrac{2 m^2 n^3 r^4 n^2}{3 h^2 t^3}$ désignera par
conséquent le moment total des impulsions que reçoit
chaque partie sensible du quart de cercle, puisque ce moment est la somme de tous les momens des petites impulsions faites sur les Ff. Mais il se réduit lorsque le demi conoïde étant entiérement enfoncé dans l'eau, z de-
vient r, l'intégrale $\int \dfrac{r dz}{\sqrt{r^2 - z^2}}$ devient q, & que la valeur
$\sqrt{r^2 - z^2}$ devient nulle ; ce moment, dis-je, se réduit à
$\dfrac{3 n^4 r^2 s^3 + 3 mn^3 r^2 s^2 q + 2 m^2 s r^4 n^2}{3 h^2 p^3}$ qu'on peut transformer aisément (par la substitution de y à la place de r, de $\dfrac{q y}{r}$ à
la place de q, de $\dfrac{y dy}{dx}$ à la place de s & de $\dfrac{y \sqrt{dx^2 + dy^2}}{dx}$
au

au lieu de p, comme nous l'avons fait cy-deffus) à l'expref- Fig. 11, & 12.
fion $\dfrac{n^4 y^2 dy^3}{h^2 \times \overline{dx^2 + dy^2}}\,\tfrac{3}{2} + \dfrac{mn^3 qy^2 dy^2 dx}{h^2 r \times \overline{dx^2 + dy^2}}\,\tfrac{3}{2} + \dfrac{2n^2 m^2 y^2 dy dx^2}{3h^2 \times \overline{dx^2 + dy^2}}\,\tfrac{3}{2}$
qui eft génerale pour le moment de l'impulfion que re-
çoivent felon l'axe tous les quarts de cercles comme DFE
ou BE, &c. tracez fur la fuperficie de la prouë.

XVI.

Je multiplie cette derniere expreffion du moment de
l'arc DFE , par la largeur dD comprife entre les circonférences de cercle , pour avoir le moment de l'impulfion que fupporte chaque zone. Cette largeur dD eft
$\sqrt{dx^2 + dy^2}$ comme on le fçait ; ainfi le produit fera
$\dfrac{3n^4 y^2 dy^3 + 3mn^3 qy^2 dy^2 dx + 2n^2 rm^2 y^2 dy dx^2}{3h^2 r \times \overline{dx^2 + dy^2}}$ & c'eft-là le moment
pour chaque zone en quart de cercle; moment qu'il ne refte
plus qu'à intégrer pour trouver le moment total de l'impulfion fur chaque moitié de la prouë dont il étoit l'élement.
Cette integrale $\displaystyle\int \dfrac{3n^4 ry^2 dy^3 + 3mn^3 qv^2 dy^2 dx + 2m^2 n^2 y^2 dy dx^2}{3h^2 r \times \overline{dx^2 + dy^2}}$
doit être divifée par l'impreffion . . . . ,
$\displaystyle\int \dfrac{2n^4 qy dy^3 + 4mn^3 ry dy^2 dx + n^2 m^2 qy dy dx^2}{2h^2 r \times \overline{dx^2 + dy^2}}$, puifque le principe gé-
neral prefcrit de divifer le moment total de toutes les for-
ces par la fomme des forces mêmes ; & le quotient marquera la diftance de la direction compofée au plan vertical
qui fépare la prouë en deux parties égales en paffant par la
quille.

XVII.

Nous fçavons donc combien l'axe du choc que fupporte chaque quart du conoïde ou bien chaque moitié de la
prouë felon la détermination paralelle à l'axe , eft éloigné
du plan vertical CIOG. Cela fuffit pour que nous ne puiffions pas déformais mettre cet axe trop près du milieu ou
des côtez de la prouë ; mais nous pourrions encore le pla-

G

Fig. 11, & 12.

cer trop haut ou trop bas, parce que rien ne détermine fa fituation par rapport au plan horifontal BAD ou CQ qui paffe par l'axe de la prouë. C'eft pourquoy il nous faut reprendre l'impulfion $\dfrac{n^4 s^3 r\, dz \pm 2mn^3 r s^2 z\, dz + n^2 m^2 s r z^2\, dz}{h^2 p^3 \sqrt{r^2 - z^2}}$ que reçoit chaque Ff felon FL paralelle à l'axe, & la multi-plier par $\mathrm{FH} = \sqrt{r^2 - z^2}$ pour en avoir le moment par rapport au plan horifontal ADB, on trouvera . . . . . $\dfrac{n^4 s^3 r\, dz \pm 2mn^3 r s^2 z\, dz + n^2 m^2 s r z^2\, dz}{h^2 p^3}$ & fi on en prend l'intégrale

terme à terme, on aura $\dfrac{3n^4 s^3 r z \pm 3mn^3 r s^2 z^2 + n^2 m^2 s r z^3}{3 h^2 p^3}$ pour le moment de l'impulfion que reçoit chaque arc de cercle comme EF de part & d'autre de la quille; & fi on met r à la place de z, il viendra $\dfrac{3n^4 s^3 r^2 \pm 3mn^3 s^2 r^3 + n^2 m^2 s r^4}{3 h^2 p^3}$ qui eft le moment pour chaque quart de cercle entier. On le changera par les fubftitutions ordinaires dans les articles précédens, en $\dfrac{3n^4 y^2 dy^3 \pm 3mn^3 y^2 dy^2 dx + n^2 m^2 y^2 dy dx^2}{3 h^2 \times \overline{dx^2 + dy^2}^{\frac{3}{2}}}$ que je mul-tiplie par la largeur $d\mathrm{D} = \sqrt{dx^2 - dy^2}$, afin d'avoir le moment $\dfrac{3n^4 y^2 dy^3 \pm 3mn^3 y^2 dy^2 dx + n^2 m^2 y^2 dy dx^2}{3 h^2 \times \overline{dx^2 + dy^2}}$ de l'impulfion que reçoit chaque zone comme dDFE ou EBb : & pre-nant fon intégrale pour trouver le moment total des impul-fions felon l'axe que reçoit chaque moitié de la prouë, il ne faudra plus que la divifer par l'impulfion même, & le quotient marquera la diftance de l'axe de la réfiftance fe-lon la quille au plan horifontal DAB ; de forte que la po-fition de cet axe fera entiérement déterminée, puifque nous fçaurons non-feulement l'endroit de la largeur de la prouë par où il doit paffer, mais encore celuy de la hauteur. On pourra découvrir, en tenant à peu-près le même chemin, la fituation des axes des autres réfiftances & conftruire les formules que j'ay mis icy dans une table pour la commo-dité de ceux qui voudront s'appliquer à ces fortes de pro-blêmes.

XVIII.

Lorsqu'on voudra se servir de ces formules, il faudra se souvenir que les lettres q, r, h, n, m sont connuës ou marquent des rapports connus: q & r désignent le rapport du quart de cercle au rayon, d'environ 157 à 100, & pour n, m, h, elles representent le sinus total, la tangente de l'angle de la dé-rive & la sécante de cet angle, comme cela se voit à l'œil dans le triangle rectangle KFY où $FY = h$, $FK = n$, $YK = m$, & KFY est égal à l'angle de la dérive ou à l'o-bliquité de la route du Vaisseau. Il faudra donc rem-plir la place de toutes ces lettres par leur valeur, & chan-ger par la substitution x, y, dx & dy en une seule variable avec sa différentielle, ce qu'on exécutera par la connoissance de la nature de la courbe qui a formé la prouë: & on trouvera des expressions dont il ne restera plus qu'à prendre les intégrales, pour avoir les diverses impulsions de l'eau sur les deux côtez de la prouë. Après cela il n'y aura plus qu'à composer les impulsions relati-ves directes avec les latérales pour avoir l'impulsion en-tiére que souffre la prouë selon le sens horisontal; & il est clair que si on compose cette impulsion avec les impul-sions relatives verticales, il viendra l'impulsion absoluë que reçoit toute la prouë; puisque cette impulsion ne doit être formée que des trois impulsions relatives directe, latérale & verticale.

XIX.

Enfin on doit remarquer que lorsque le Vaisseau single directement sur sa quille, les formules précédentes se ré-duisent à d'autres beaucoup plus simples; comme alors l'angle de la dérive est nul & que la ligne FK tombe sur FY, n devient égal à h & $m = 0$. C'est pourquoy, si dans l'impulsion directe . . . .

Fig. 11. & $\int \dfrac{2n^4 qy dy^3 + 4mn^3 ry dy^2 dx + m^2 n^2 qy dy dx^2}{2h^2 r \times dx^2 + dy^2}$ on efface les termes
12.
qui sont multipliez par m, & si on traite n & h comme
deux quantitez égales, on trouvera que l'impulsion directe sur chaque moitié de la prouë pour le cas où il n'y a
point de dérive, est $\int \dfrac{n^2 q}{r} \times \dfrac{y dy^3}{dx^2 + dy^2}$ & par conséquent
sur toute la prouë $\int \dfrac{2n^2 q}{r} \times \dfrac{y dy^3}{dx^2 + dy^2}$. Et, continuant la
même operation sur les autres formules, on reconnoîtra
que cette impulsion directe agit sur une direction qui est
exactement au-dessous de l'axe de la prouë de la quantité
$\dfrac{\int \dfrac{2n^2 y^2 dy^3}{dx^2 + dy^2}}{\int \dfrac{2n^2 q}{r} \times \dfrac{y dy^3}{dx^2 + dy^2}}$; que l'impulsion verticale est . . .
$\int \dfrac{2n^2 y dy^2 dx}{dx^2 + dy^2}$ & se réünit dans une direction éloignée du
sommet de la prouë de la distance $\dfrac{\int \dfrac{2n^2 yx dy^2 dx}{dx^2 + dy^2}}{\int \dfrac{2n^2 y dy^2 dx}{dx^2 + dy^2}}$. Comme
les impulsions latérales que reçoivent les parties droite
& gauche de la prouë se détruisent mutuellement par leur
égalité & leur opposition, il n'est pas nécessaire de s'en
mettre en peine.

CHAPITRE VIII.

*Applications des formules précédentes à la prouë qui a
la figure la plus avantageuse, & à une prouë conique.*

I.

1. **P**Our rendre plus sensible l'usage de nos formules,
nous allons appliquer à la prouë qui a la figure la
plus avantageuse, celles qui servent pour la route directe.

Les formules qui font cy à côté fervent pour les routes obliques; & dans ces formules, n reprefentant le finus total, m marque la tangente de l'obliquité de la route, & h la fecante de cette obliquité : q & r marquent le rapport du quart de la circonférence d'un cercle à fon rayon ou d'environ 157 à 100. x exprime les abfciffes ou les parties de l'axe de la proüe, & y les ordonnées ou les demies largeurs : enfin la lettre $\int$ défigne les fommes infinies ou les intégrales des grandeurs qu'elle précede.

Les formules qui font cy à côté ne fervent que pour la route directe, ou pour le cas où le Navire fingle directement fur fa quille, fans aucune dérive.

Premiere formule, qui exprime l'impulfion directe que reçoit chaque moitié de la proüe.

$$\int \frac{2n^4 qy\,dy^3 \pm 4mn^3 ry\,dy^2\,dx + m^2 n^2 qy\,dy\,dx^2}{2h^2 r \times \overline{dx^2 + dy^2}}$$

Quatriéme formule, qui exprime l'impulfion latérale ou l'impulfion felon le fens horifontal & perpendiculaire à l'axe que reçoit chaque moitié de la proüe.

$$\int \frac{3n^4 y\,dy^2\,dx \pm \frac{3mn^3 q}{r} y\,dy\,dx^2 + 2m^2 n^2 y\,dx^3}{3h^2 \times \overline{dx^2 + dy^2}}$$

Septiéme formule, qui exprime l'impulfion verticale que reçoit chaque moitié de la proüe.

$$\int \frac{3n^4 y\,dy^2\,dx + 3mn^3 y\,dy\,dx^2 + m^2 n^2 y\,dx^3}{3h^2 \times \overline{dx^2 + dy^2}}$$

Premiere formule, qui exprime l'impulfion directe fur la proüe entiére dans la route directe.

$$\int \frac{2n^2 q}{r} \times \frac{y\,dy^3}{\overline{dx^2 + dy^2}}$$

Seconde fo[rmule...] me combien [...] l'impulfion d[...] fous de l'axe [...]

l'eau fur les prouës formées en demi conoïdes.

...rmule, qui exprime combien la l'impulſion directe, que reçoit ...é de la prouë, eſt éloignée du plan paſſe par le milieu de la prouë.

$$\frac{3 \pm \dfrac{3mn^3q}{r} y^2 dx dy^2 + 2m^2 n^2 y^2 dy dx^2}{3h^2 \times \overline{dx^2 + dy^2}}$$

$$\frac{3 \pm 4mn^3 ry dy^2 dx + m^2 n^2 qy dy dx^2}{2h^2 r \times \overline{dx^2 + dy^2}}$$

Troiſiéme formule, qui exprime combien la direction de l'impulſion directe eſt au-deſſous de la ſurface de l'eau.

$$\frac{\displaystyle\int \frac{3n^4 y^2 dy^3 \pm 3mn^3 y^2 dy^2 dx + n^2 m^2 y^2 dx^2 dy}{3h^2 \times \overline{dx^2 + dy^2}}}{\displaystyle\int \frac{2n^4 qy dy^3 \pm 4mn^3 ry dy^2 dx + m^2 n^2 qy dy dx^2}{2h^2 r \times \overline{dx^2 + dy^2}}}$$

...e formule, qui exprime combien ...de l'impulſion latérale eſt éloi-...met de la prouë.

$$\frac{\ldots dx \pm \dfrac{3mn^3q}{r} yx dy dx^2 + 2m^2 n^2 yx dx^3}{3h^2 \times \overline{dx^2 + dy^2}}$$

$$\frac{\ldots dx \pm \dfrac{3mn^3q}{r} y dy dx^2 + 2m^2 n^2 y dx^3}{3h^2 \times \overline{dx^2 + dy^2}}$$

Sixiéme formule qui exprime combien la direction de l'impulſion latérale eſt au-deſſous de la ſurface de l'eau.

$$\frac{\displaystyle\int \frac{6n^4 y^2 dx dy^2 + 8mn^3 y^2 dy dx^2 + 3m^2 n^2 y^2 dx^3}{12h^2 \times \overline{dx^2 + dy^2}}}{\displaystyle\int \frac{3n^4 y dy dx^2 \pm \dfrac{3mn^3q}{r} y dy dx^2 + 2m^2 n^2 y dx^3}{3h^2 \times \overline{dx^2 + dy^2}}}$$

...formule, qui exprime combien ...de l'impulſion verticale eſt éloi-...met de la prouë.

$$\frac{\ldots dx + 3mn^3 yx dy dx^2 + m^2 n^2 yx dx^3}{3h^2 \times \overline{dx^2 + dy^2}}$$

$$\frac{x \pm 3mn^3 y dy dx^2 + m^2 n^2 y dx^3}{3h^2 \times \overline{dx^2 + dy^2}}$$

Neuviéme formule, qui exprime combien la direction de l'impulſion verticale eſt éloignée du plan vertical qui paſſe par le milieu de la prouë.

$$\frac{\displaystyle\int \frac{6n^4 y^2 dy^2 dx + 8mn^3 y^2 dy dx^2 + 3m^2 n^2 y^2 dx^3}{12h^2 \times \overline{dx^2 + dy^2}}}{\displaystyle\int \frac{3n^4 y dy^2 dx \pm 3mn^3 y dy dx^2 + m^2 n^2 y dx^3}{3h^2 \times \overline{dx^2 + dy^2}}}$$

...expri-...on de ...-def-

Troiſiéme formule, qui exprime l'impulſion verticale ſur la prouë entiére dans la route directe.

$$\int \frac{2n^2 y dy^2 dx}{dy^2 + dx^2}$$

Quatriéme formule, qui exprime combien la direction de l'impulſion verticale eſt éloignée de l'extrémité de la prouë.

$$\frac{\displaystyle\int \frac{2n^2 yx dy^2 dx}{dx^2 + dy^2}}{\displaystyle\int \frac{2n^2 y dy^2 dx}{dx^2 + dy^2}}$$

Plusieurs grands Hommes ont trouvé que la ligne courbe qui forme la proüe par une demie révolution autour de son axe, doit être telle que si a est une grandeur arbitraire constante, & z une quantité variable, chaque des ordonnées (y) doit être égale à $\frac{z^3}{a^2} + 2z + \frac{a^2}{z}$ & l'abscisse (x) correspondante égale à $\frac{3z^4}{4a^3} + \frac{z^2}{a} - \frac{5}{12}a - Lz$; de sorte qu'on trouve autant d'ordonnées & d'abscisses qu'on attribuë de différentes valeurs à z. Ce n'est point ici le lieu d'expliquer cette découverte; on peut consulter l'excellent Livre de l'*Analyse démontrée*. Mais de ce que $y = \frac{z^3}{a^2} + 2z + \frac{a^2}{z} = \frac{z^4 + 2a^2z^2 + a^4}{a^2z}$, & $x = \frac{3z^4}{4a^3} + \frac{z^2}{a} - \frac{5}{12}a - Lz$, il s'enfuit que $dy = \frac{3z^4dz + 2a^2z^2dz - a^4dz}{a^2z^2}$ & $dx = \frac{3z^3dz}{a^3} + \frac{2zdz}{a} - \frac{adz}{z} = \frac{3z^4dz + 2a^2z^2dz - a^4dz}{a^3z}$. Je fais entrer toutes ces valeurs dans la formule $\int \frac{2qn^2}{r} X$ .. $\frac{ydy^3}{dx^2 + dy^2}$ de l'impulsion directe, & je trouve que $\frac{2qn^2}{r} X$ ...

$$\frac{ydy^3}{dx^2 + dy^2} = \frac{2qn^2}{r} X \cdots \frac{\overline{z^4 + 2a^2z^2 + a^4} \; X \; \overline{3z^4 + 2a^2z^2 - a^4}^3 \; dz^3}{a^4z^3 \; X \; \overline{3z^4 + 2a^2z^2 - a^4}^2 \; X \; dz^2 + a^2z^5 \; X \; \overline{3z^4 + 2a^2z^2 - a^4}^2 \; X \; dz^2}$$

qui se réduit (en divisant le numérateur & le dénominateur par $\overline{3z^4 + 2a^2z^2 - a^4}^2 \; X \; dz^2$) à $\frac{2qn^2}{r} X$ ....

$$\frac{\overline{z^4 + 2a^2z^2 + a^4} \; X \; \overline{3z^4 + 2a^2z^2 - a^4} \; X \; dz}{a^4z^3 + a^2z^5} = \frac{2qn^2}{r} X \cdots$$

$$\frac{3z^8 + 8a^2z^6 + 6a^4z^4 - a^8 \; X \; dz}{a^4z^3 + a^2z^5}.$$

Mais comme dans cette derniere expression le numérateur contient exactement le dénominateur, on a par la division, $\frac{2qn^2}{r} X \; \overline{\frac{3z^3}{a^2} + 5z + \frac{a^2}{z} - \frac{a^4}{z^3}}$ $X\, dz$ qui est toujours la valeur de $\frac{2qn^2}{r} X \frac{ydy^3}{dx^2 + dy^2}$; & si on intégre terme à terme, on trouvera $\frac{2qn^2}{r}$ X

$\frac{3z^4}{4a^2} + \frac{5}{2}z^2 - \frac{29}{12}a^2 + \frac{a^4}{2z^2} + aLz$ pour la résistance ou pour l'impulsion que souffre la prouë entiere selon la détermination horifontale : mais il a fallu joindre $\frac{29}{12}a^2$ avec le figne — à cette expreffion, pour la rendre complete ; parce qu'en fuppofant $z = a\sqrt{\frac{2}{3}}$ & $Lz = o$ comme cela arrive lorfque $x = o$, l'intégrale au lieu de devenir nulle comme la réfiftance qu'elle défigne, fe trouvoit égale à $+\frac{29}{12}a^2$.

2. Pour découvrir maintenant avec quelle force la prouë eft pouffée par l'eau dans le fens vertical, il n'y a qu'à fubftituer les valeurs de y & de x, &c. dans la formule $\int \frac{2n^2 y\,dx\,dy^2}{dx^2 + dy^2}$ & nous changerons $\frac{2n^2 y\,dx\,dy^2}{dx^2 + dy^2}$ . . . . . en

$$\frac{n^2 \times \overline{2z^4 + 4a^2z^2 + 2a^4} \times \overline{3z^4 + 2a^2z^2 - a4} \times \overline{3z^4 + 2a^2z^2 - a4}^2 \times dz^3}{a^5z^2 \times \overline{3z^4 + 2a^2z^2 - a4}^2 \times dz^2 + a^3z^4 \times \overline{3z^4 + 2a^2z^2 - a4}^2 \times dz^2}$$

$$= \frac{n^2 \times \overline{2z^4 + 4a^2z^2 + 2a^4} \times \overline{3z^4 + 2a^2z^2 - a4} \times dz}{a^5z^2 + a^3z^4}$$

qui fe réduit par la divifion à $n^2 \times \overline{\frac{6z^4}{a^3} + \frac{10z^2}{a} + 2a - \frac{2a^3}{z^2}} \times dz$, & intégrant cette expreffion comme l'indique la formule, il vient $n^2 \times \frac{6z^5}{5a^3} + \frac{10z^3}{3a} + 2az + \frac{2a^3}{z} - \frac{416a^2}{45\sqrt{3}}$: après en avoir fouftrait $\frac{416a^2}{45\sqrt{3}}$, parce que cette intégrale fe trouve trop grande de cette quantité ; & ainfi $n^2 \times \frac{6z^5}{5a^3} + \frac{10z^3}{3a} + 2az + \frac{2a^3}{z} - \frac{416a^2}{45\sqrt{3}}$ eft l'impulfion relative que fouffre la prouë entiere felon le fens vertical.

3. En faifant de pareilles fubftitutions des valeurs de x, y, &c. dans la 2me & 4me formule, on trouvera les directions des efforts relatifs que nous venons de découvrir. $\frac{2n^2 y^2 dy^3}{dx^2 + dy^2}$ . . . . deviendra

$$\frac{n^2 \times \overline{z^4 + 2a^2z^2 + a4}^2 \times \overline{3z^4 + 2a^2z^2 - a4}^3 \times 2dz^3}{a^6z^4 \times \overline{3z^4 + 2a^2z^2 - a4}^2 \times dz^2 + a^4z^6 \times \overline{3z^4 + 2a^2z^2 - a4}^2 \times dz^2}$$

$$= \frac{\overline{n^2 \times z4 + 2a^2z^2 + a4}^2 \times \overline{3z4 + 2a^2z^2 - a4} \times 2dz}{a^6z4 + a^4z^6}$$ qui se ré-

duit par la multiplication & la division à . . . . $n^2 \times$

$$\frac{6z^6}{a^4} + \frac{22z4}{a^2} + 28z^2 + 12a^2 - \frac{2a4}{z^2} \times \frac{2a^6}{z4} \times dz,$$ & intégrant

cette expression pour avoir la valeur de $\int \frac{2n^2y^2dy3}{dx^2 + dy^2}$ nous

trouverons $n^2 \times \dfrac{6z7}{7a^4} + \dfrac{22z^5}{5a^2} + \dfrac{28z3}{3} + 12a^2z + \dfrac{2a4}{z} + \dfrac{2a^6}{3z3}$

$\dfrac{8704a^3}{315\sqrt{3}}$ qu'il faut (selon la seconde formule) diviser par $\dfrac{2qn^2}{r}$

$$\times \frac{3z4}{4a^2} + \frac{5}{2}z^2 - \frac{29}{12}a^2 + \frac{a4}{2z^2} + aLz = \int \frac{2qn^2}{r} \times \frac{ydy3}{dx^2 + dy^2}$$

& on aura $\dfrac{\dfrac{6z^7}{7a^4} + \dfrac{22z^5}{5a^2} + \dfrac{28}{3}z^3 + 12a^2z + \dfrac{2a4}{z} + \dfrac{2a^6}{3z3} - \dfrac{8704a^3}{315\sqrt{3}}}{\dfrac{39z4}{2ra^2} + \dfrac{5qz^2}{r} - \dfrac{299a^2}{6r} + \dfrac{9a4}{rz^2} + \dfrac{29}{r}aLz}$

pour la quantité dont la direction de l'impulsion directe est au-dessous de l'axe de la prouë.

4. On transformera aussi dans la quatrième formule , $\dfrac{2n^2yxdxdy^2}{dx^2 + dy^2}$ . . . . en

$$\frac{n^2 \times \overline{\frac{6z4}{4a^3} + \frac{2z^2}{a} - \frac{5}{6}a} - ^2Lz \times \overline{z4 + 2a^2z^2 + a4} \times \overline{3z4 + 2a^2z^2 - a4} \times \overline{3z4 + 2a^2z^2 - a4} \times dz^3}{a^5z \times \overline{3z4 + 2a^2z^2 - a4}^2 \times dz^2 + a^3z4 \times \overline{3z4 + 2a^2z^2 - a4} \times dz^2}$$

qui se réduira à $\dfrac{n^2 \times \overline{\frac{3z4}{2a^3} + \frac{2z^2}{a} - \frac{5}{6}a} - ^2Lz \times \overline{z4 + 2a^2z^2 + a4} \times \overline{3z4 + 2a^2z^2 - a4} \times dz}{a^5z^2 + a^3z4}$

$$= n^2 \times \frac{9z^8dz}{2a^6} + \frac{17z^6dz}{2a^4} + \frac{9z4dz}{a^2} - \frac{11}{3}z^2dz - \frac{17}{6}a^2dz +$$

$$\frac{5a4dz}{6z^2} - \frac{6z4dz}{a^3}Lz - \frac{10z^2dz}{a}Lz - 2adzLz + \frac{2a^3dz}{z}Lz$$ dont

l'intégrale telle qu'on la trouve terme à terme est $n^2 \times \dfrac{z^9}{2a^6}$

$$+ \frac{17z^7}{14a^4} + \frac{51z^5}{25a^2} - \frac{1}{9}z^3 - \frac{5}{6}a^2z - \frac{17a4}{6z} - \frac{6z^5}{5a^3}Lz - \frac{10z^3}{3a}Lz -$$

$$2azLz - \frac{2a^3}{z}Lz + \frac{1071458a^3}{117575\sqrt{3}} = \int \frac{2n^2yxdxdy^2}{dx^2 + dy^2}$$; après cepen-

dant y avoir ajouté $\dfrac{1071458a3}{127575\sqrt{3}}$ pour la rendre complete, & il ne restera plus qu'à la diviser, comme l'indique la quatriéme formule, par $n2 \times \dfrac{6z5}{5a3} + \dfrac{10z3}{3a} + 2az + \dfrac{2a3}{z} - \dfrac{416a^2}{45\sqrt{3}}$

$$= \int \frac{2n^2 y dx dy^2}{dx^2 + dy^2} \quad \ldots \ldots \ldots \ldots \ldots \text{pour avoir}$$

$$\frac{\dfrac{z9}{2a^6} + \dfrac{2727}{14a4} + \dfrac{5125}{25a^2} - \dfrac{1}{9}z^3 - \dfrac{5}{6}a^2 z - \dfrac{17a4}{6z} \dfrac{6z5}{5a3}Lz - \dfrac{10z3}{3a}Lz - 2azLz - \dfrac{2a3}{z}Lz + \dfrac{1071458a3}{127575\sqrt{3}}}{\dfrac{6z5}{5a3} + \dfrac{10z3}{3a} + 2az + \dfrac{2a3}{z} - \dfrac{416a^2}{45\sqrt{3}}}$$

qui exprime combien la direction de l'effort relatif dans le sens vertical, est éloignée de l'extremité de la prouë.

5. Il résulte de tout ce calcul que pour déterminer dans la Figure 14. la direction composée DN de l'impulsion de l'eau sur la prouë la plus avantageuse CAEC; il faut tirer la paralelle DR à l'axe AB à la distance FD

Fig. 14.

qu'on fera de $\dfrac{\dfrac{6z7}{7a4} + \dfrac{22z5}{5a2} +}{\dfrac{39z4}{27a^2} + \dfrac{59z^2}{7} -}$ &c. (trouvée nomb. 3.) &

cette ligne DR sera la direction de l'impulsion que ressent la prouë dans le sens horisontal. Il faudra conduire aussi la verticale DS, de maniere qu'elle soit éloignée du sommet A de la prouë de la distance AF $=$

$\dfrac{\dfrac{z9}{2a6} + \dfrac{2727}{14a4} + \dfrac{5125}{25a^2} -}{\dfrac{6z5}{5a3} + \dfrac{10z3}{3a} +}$ &c. (trouvée nomb. 4.) cette li-

gne DS sera la direction de la force avec laquelle la prouë est poussée par l'eau selon la détermination verticale. Enfin on fera les deux lignes DR & DS depuis leur intersection D dans le rapport des impulsions directe & verti-

cale ; c'est-à-dire, dans le rapport de $\dfrac{2qn^2}{r} \times \dfrac{3z4}{4a^2} + \dfrac{5}{2}z^2 -$

$\dfrac{z9}{2z^2}a^2 + \dfrac{a4}{2z^2} + aLz$ à $n^2 \times \dfrac{6z5}{5a3} + \dfrac{10z3}{3a} + 2az + \dfrac{2a3}{z} + \dfrac{416a^2}{45\sqrt{3}}$.

Achevant

Achevant enfuite le rectangle DSVR & conduifant la diagonale DV, on aura la direction compofée des deux DS, DR, qui fera l'axe du choc abfolu de l'eau fur la proüe ; avec lequel & la verticale γN du centre de gravité γ de la coupe du Navire faite au raz de l'eau, on déterminera felon nos principes le *point vélique* N par lequel doit paffer la direction de la voile. Il n'y aura qu'à faire cette proportion, l'impulfion directe DR eft à l'impulfion felon le fens vertical DS ou RV ; ainfi la diftance Fγ du point F à la verticale γN du centre de gravité γ de la coupe du Navire faite à fleur d'eau, fera à la hauteur du *point vélique* N au-deffus de la direction DR de l'impulfion directe de l'eau.

II.

Trouver la direction de l'impulfion de l'eau dans toutes les routes fur une proüe conique.

1. Nous euffions pû appliquer nos autres formules à la proüe la plus avantageufe & nous l'euffions fait avec le même fuccès : mais pour éviter la longueur du calcul & changer d'exemple, nous allons fuppofer que la proüe [Fig. 15.] eft formée par la demie révolution de la ligne droite AF autour de l'axe AC ; de forte que la proüe que nous avons à examiner eft un demi cone, dont A eft le fommet & BEF le demi cercle de la bafe. n exprime toujours le finus total, & je prends f pour défigner la tangente de l'angle CAF formé par l'axe AC & par le côté AF du cone. Ainfi n, & f marquent le rapport conftant des AC & des CF ou des abfciffes x & des ordonnées y ; & nous avons pour tous les points de AF la proportion, $n \mid f \parallel x \mid y$ & l'équation $ny = fx$ qui exprime la relation continuelle de tous les points de la ligne AF à ceux de l'axe AC. De cette égalité $ny = fx$, je déduis $x = \frac{ny}{f}$ & $dx = \frac{ndy}{f}$ & je fubftituë

Fig. 15.

Fig. 15. ces valeurs de x & de dx dans la premiere, la quatriéme & la septiéme formule qui font d'ufage lorfqu'il y a de la dérive. Je trouve $\dfrac{n^4 m^2 qy\,dy \mp 4n^4 mrfy\,dy + 2n^4 qf^2 y\,dy}{2h^2 n^2 r + 2h^2 f^2 r}$ pour l'élement de l'impulfion directe : $\dfrac{\dfrac{3n^5 f^2 y\,dy \mp 3n^5 mqfy\,dy + 2n^5 m^2 y\,dy}{r}}{3h^2 n^2 f + 3h^2 f^3}$ pour l'élement de l'impulfion latérale & . . . . $\dfrac{3n^5 f^2 y\,dy + 3n^5 mfy\,dy + n^5 m^2 y\,dy}{3h^2 n^2 f + 3h^2 f^3}$ pour l'élement de l'impulfion verticale fur chaque moitié de la prouë : fur la moitié du côté de l'angle de la dérive fi on employe dans l'endroit où il y a $\pm$ le figne $+$, & la moitié de l'autre côté fi on employe le figne $-$.

2. Je prends enfuite les intégrales de ces élemens comme l'indiquent les formules génerales, & je découvre que $\dfrac{n^4 m^2 qy^2 \mp 4n^4 mrfy^2 + 2n^4 f^2 qy^2}{4h^2 n^2 r + 4h^2 f^2 r}$ eft l'impulfion directe, ... $\dfrac{\dfrac{3n^5 f^2 y^2 \mp 3n^5 mqfy^2 + 2n^5 m^2 y^2}{r}}{6h^2 n^2 f + 6h^2 f^3}$ l'impulfion latérale ; & . . . . . $\dfrac{3n^5 f^2 y^2 + 3n^5 mfy^2 + n^5 m^2 y^2}{6h^2 n^2 f + 6h^2 f^3}$ l'impulfion verticale fur chaque moitié de la prouë. Par conféquent

$$\frac{n^4 m^2 qy^2 \mp 4n^4 mrfy^2 + 2n^4 f^2 qy^2}{4h^2 n^2 r + 4h^2 f^2 r} + \frac{n^4 m^2 qy^2 \mp 4n^4 mfry^2 + 2n^4 f^2 qy^2}{4h^2 n^2 r + 4h^2 f^2 r} = \frac{n^4 m^2 qy^2 + 2n^4 f^2 qy^2}{2h^2 n^2 r + 2h^2 f^2 r}$$

exprime l'impulfion directe que reçoit la prouë entiere ou fes deux moitiez jointes enfemble ; &

$$\frac{3n^5 f^2 y^2 + 3n^5 mfy^2 + n^5 m^2 y^2}{6h^2 n^2 f + 6h^2 f^3} + \frac{3n^5 f^2 y^2 - 3n^5 mfy^2 + n^5 m^2 y^2}{6h^2 n^2 f + 6h^2 f^3} = \frac{3n^5 f^2 y^2 + n^5 m^2 y^2}{3h^2 n^2 f^2 + 3h^2 f^3}$$

l'impulfion qu'elle fouffre felon le fens vertical : mais parce que les impreffions latérales faites fur chaque moitié font contraires, car l'impulfion latérale du côté droit tend vers le gauche, & celle que reçoit le côté gauche tend vers le droit, il faut fouftraire la plus petite impulfion de la plus grande & le refte

$$\frac{\dfrac{3n^5 f^2 y^2 + 3n^5 mfqy^2 + 2n^5 m^2 y^2}{r}}{6h^2 n^2 f + 6h^2 f^3} \quad - \quad \frac{\dfrac{3n^5 f^2 y^2 + 3n^5 mfqy^2 - 2n^5 m^2 y^2}{r}}{6h^2 n^2 f + 6h^2 f^3}$$

$$\frac{n^5 mqy^2}{rh^2 n^2 + rh^2 f^2}$$ marquera combien la prouë eft pouffée latéralement ou de côté , par l'impulfion la plus forte.

3. On trouvera enfuite le réfultat de ces impulfions en retranchant d'abord fur l'axe AC la partie DR , afin qu'elle repréfente la réfiftance directe $\frac{n^4 m^2 qy^2 + 2n^4 f^2 qy^2}{2h^2 n^2 r + 2h^2 f^2 r}$ & conduifant dans le plan BAF la perpendiculaire DZ à l'axe d'une longueur DZ à exprimer l'impulfion latérale $\frac{n^5 mqy^2}{h^2 n^2 r + h^2 f^2 r}$ il n'y aura qu'à former le rectangleDZLR, & fa diagonale DL fera la direction compofée dans laquelle fe réunira toute la réfiftance horifontale. Ainfi il ne reftera plus qu'à élever au point D la verticale DS $=$ $\frac{3n^5 f^2 y^2 + n^5 m^2 y^2}{3h^2 n^2 f + 3h^2 f^3}$ pour reprefenter l'impulfion dans le fens vertical , & achever en l'air le rectangle DSVL & on aura dans fa diagonale DV la direction compofée de l'impulfion totale. que reçoit la prouë. On peut confiderer après cela que dans le triangle rectangle DRL le côté DR étant pris pour le finus total , le côté RL $=$ DZ fera la tangente de l'angle RDL que fait l'axe de la prouë avec la direction DL de toute l'impulfion horifontale que fouffre la prouë ; d'où il fuit que nous pouvons trouver la tangente de cet angle par cette proportion ; DR $= \frac{n^4 m^2 qy^2 + 2n^4 f^2 qy^2}{2h^2 n^2 r + 2h^2 f^2 r}$

eft au finus total n comme RL $=$ DZ $= \frac{n^5 mqy^2}{h^2 n^2 r + h^2 f^2 r}$ eft à

$\frac{2n^2 m}{m^2 + 2f^2}$ pour la tangente de l'angle LDR que fait la direction de toute l'impulfion relative horifontale de l'eau avec l'axe de la prouë. Et fi dans le triangle rectangle DLV nous prenons DL pour le finus total , nous pourrons trouver l'angle VDL que fait la direction DV du choc total ou abfolu avec l'horifon par cette analogie , DL $=$

$$\sqrt{\overline{DR}^2 + \overline{RL}^2} = \frac{n^4 qy^2 \sqrt{m^4 + 4n^2 m^2 + 4m^2 f^2 + 4f^4}}{2h^2 n^2 r + 2h^2 f^2 r}$$ eft au fi-

H ij

nus total n comme $LV = DS = \frac{3n^5f^2y^2 + n^5m^2y^2}{3h^2n^2f + 3h^2f^3}$ eſt à

$\frac{6n^2f^2r + 2n^2m^2r}{3fq\sqrt{m^4 + 4n^2m^2 + 4m^2f^2 + 4f^4}}$ pour la tangente de l'angle VDL que fait avec l'horiſon la direction DH du choc abſolu. Ainſi pour connoître entierement la ſituation des directions DL & DH, il ne nous reſte plus qu'à connoître le point D dont elles partent.

Nous aurions recours pour cela à nos autres formules, mais nous ſçavons d'ailleurs que les directions DL & DH prennent leur origine dans le cone en D ſur l'axe, à la diſtance $\frac{2n^2y + 2f^2y}{3nf}$ du ſommet A. Car ſi on diviſe la ſuperficie conique en une infinité de petits triangles comme EAP qui ayent leur ſommet en A & leur baſe ſur la circonférence du demi cercle BED, chacun de ces triangles recevra une impulſion qui ſe réunira en Q au tiers EQ de ſa hauteur EA, & dont la direction QF viendra rencontrer l'axe AC du cone au point D éloigné du ſommet A de la diſtance $\frac{2n^2y + 2f^2y}{3nf}$ comme on peut le vérifier aiſement. Mais puiſque toutes les directions des autres petits triangles viennent ſe rendre au même point D, il eſt évident que la direction DH de l'impulſion abſoluë doit y paſſer auſſi ; puiſqu'elle eſt compoſée de toutes les directions particulieres des petits triangles.

4. Enfin comme la réſolution précédente convient à tous les angles de dérive dont m eſt la tangente, pendant que n exprime le ſinus total, il eſt clair qu'elle convient auſſi au cas dans lequel il n'y a point de dérive ou dans lequel le Navire ſingle directement ſur ſa quille. Mais puiſqu'alors $m = o$, la tangente $\frac{2n^2m}{m^2 + 2f^2}$ de l'angle LDR que fait la direction DL de l'impulſion horiſontale avec l'axe de la prouë deviendra nulle, ce qui nous feroit connoître, ſi nous ne le ſçavions pas déja, que la direction DL tombe alors exactement ſur l'axe de la prouë. D'un autre

côté la tangente $\dfrac{6n^2 f^2 r + 2n^2 m^2 r}{3fq\sqrt{m^4 + 2n^2 m^2 + 4m^2 f^2 + 4f^4}}$ de l'angle Fig. 15.

VDL que fait la direction DV du choc abſolu de l'eau avec l'horiſon, ſe réduira à $\dfrac{rn^2}{qf}$; ce qui nous montre qu'il n'y a qu'à multiplier le quarré du ſinus total n par $r = 100$ & diviſer le produit par $q = 157$ & par la tangente f de l'angle FAC que fait le côté du cone avec ſon axe, pour avoir la tangente $\dfrac{rn^2}{qf}$ de l'angle que fait avec l'horiſon la direction du choc abſolu de l'eau ſur la prouë. Ainſi il ſera très-facile dans la route directe de trouver la hauteur du *point vélique* ou du point de concours de la direction DH du choc abſolu de l'eau & de la verticale du centre de gravité γ de la coupe du Navire faite à fleur d'eau. Car auſſi-tôt que nous aurons déterminé, par les moyens ordinaires de la Statique, le centre de gravité γ, nous n'aurons qu'à faire cette analogie ; le ſinus total n eſt à la tangente $\dfrac{rn^2}{qf}$ de l'angle que fait la direction DH avec l'horiſon, comme la diſtance Dγ du point D au centre de gravité γ ſera à la hauteur requiſe du *point vélique*.

CHAPITRE IX.

De la figure qu'on doit donner aux voiles, & de la hauteur qu'aura enſuite la Mâture.

I.

LE point vélique étant ainſi déterminé, il ne reſte plus maintenant qu'à faire paſſer, ſelon la maxime de l'article V. du Chapitre VI. la direction de l'effort de la voile par ce point. C'eſt ce que nous pourrions exécuter en donnant quelle hauteur nous voudrions au Mât & en inclinant enſuite plus ou moins la voile par le moyen de

Fig. 15. la méthode que nous donnerons dans la seconde Section, pour faire passer la direction de l'effort du vent par le *point vélique*, lorsque ce point se trouve fort bas dans les routes obliques. Mais comme ce point a toujours une hauteur considérable dans la route directe, nous croyons qu'il est plus naturel de placer la voile verticalement ; & de cette sorte, sa direction sera horisontale, & il faudra que son centre d'effort soit précisément à même hauteur que le *point vélique*. Si cependant il avoit été question de mâter, selon nos principes, l'Arche de Noé, ou les deux bâtimens qu'un certain Pierre Jansse de Horne fit construire sur les mêmes proportions, on n'eût pas pû mettre la voile dans une situation verticale ; parce que comme la proüe de ces Navires n'avoit aucune saillie, la direction du choc de l'eau ne devoit pas s'élever en l'air en avançant vers la poupe, mais elle devoit être exactement horisontale : de sorte que le *point vélique* devoit se trouver dans le corps même du Navire, & il falloit nécessairement incliner la voile pour lui donner une disposition parfaite. Mais ce n'est pas la même chose dans tous nos Vaisseaux ordinaires : car leur proüe a une grande saillie, & le *point vélique* se trouvera toujours considérablement élevé.

I I.

Quant à la figure que doivent avoir les voiles, il est clair qu'elles ne peuvent pas en avoir une plus simple ni une qui leur donne plus d'étenduë que la rectangulaire. Et il seroit aussi très-facile de regler ensuite la hauteur des Mâts : car comme le centre d'effort d'une voile rectangulaire est précisément en son milieu, il n'y auroit qu'à faire la hauteur du Mât double de celle du *point vélique* ou double de la hauteur que doit avoir le centre d'effort de la voile. Mais il faut remarquer qu'on ne peut pas faire ainsi les voiles en rectangle : parce que si on les faisoit aussi larges par en bas que par en haut, elles sortiroient du Navire des deux côtez d'une quantité trop confidérable, & auffi-tôt que la mer feroit un peu agitée, elles feroient continuellement exposées par en bas au choc des vagues; ce qui ne pourroit pas manquer de caufer différens accidens. C'eft pourquoi nous ne nous propofons de donner aux voiles que la figure d'un exagone irrégulier CFLMKD [Fig. 16.] dont la partie fuperieure FLMK fera un rectangle, & l'inferieure CFKD un trapeze beaucoup plus étroit par en bas que par en haut. Nous donnerons aux vergues FK & LM le plus de longueur qu'il nous fera poffible : mais nous ne ferons la bafe CD que d'environ une fois & demie la largeur du Vaiffeau , afin qu'elle ne déborde pas d'une trop grande quantité.

Fig. 16.

III.

Les Marins prétendent qu'il eft à propos de diminuer auffi la largeur des voiles par le fommet , afin de pouvoir élever enfuite davantage la Mâture, & de profiter par cette élevation du vent qui eft peut-être un peu plus rapide en haut. Mais plufieurs raifons nous empêchent d'entrer dans cette penfée. Il fe pourroit bien qu'il n'y auroit fur la mer que fort peu de différence entre toutes les vîteffes du vent : car ce ne doit pas être là tout-à-fait comme icy à terre où le vent rencontre en bas plufieurs obftacles qui peuvent interrompre fon cours. Et d'ailleurs quand même la différence des vîteffes du vent feroit tout-à-fait fenfible, nous pourrions encore montrer qu'il y auroit du defavantage à retrécir les voiles par le fommet.

Nous n'avons, pour en convaincre le Lecteur, qu'à fuppofer qu'on éléve la vergue LM jufqu'en *f*, mais qu'afin de faire enforte que le centre d'effort N fe trouve encore dans le même endroit , & réponde toujours exactement au *point vélique* , on racourciffe cette vergue & on ne lui donne que la longueur *lm*. Notre voile qui avoit la furface CFLMKD aura enfuite la furface CF*lm*KD & pen-

Fig. 16. dant que nous perdons par les côtez les deux triangles FLQ
& KMP, nous acquerons par en haut le trapeze Q*lm*P. On
voit aussi que les deux voiles auront une partie commune CFQPKD dont le centre d'effort sera en *i*, & que
selon qu'on ajoutera à cette partie les deux triangles FLQ
& KMP ou le trapexe Q*lm*P, on formera l'une ou l'autre
voile, & on fera monter le centre d'effort de *i* en N.
Mais puisque la sûreté de la navigation exige que le centre d'effort des voiles soit toujours dans le même point N,
il faut que le trapeze Q*lm*P fasse précisément le même
effet par rapport au centre d'effort N que les deux triangles FLQ & KMP ; c'est-à-dire, qu'il faut que l'impulsion que souffre le trapeze ait précisément le même moment que l'impulsion que souffrent les deux triangles ensemble : Car autrement le trapeze ne feroit pas monter le
centre d'effort de *i* en N précisément de la même maniére que les deux triangles. Mais cela supposé le trapeze
Q*lm*P doit recevoir moins d'impulsion que les deux triangles FLQ, KMP joints ensemble ; puisque ce trapeze
est plus élevé au-dessus du centre N & que cependant il
n'a que le même moment. Ainsi il est sensible que notre
voile CFLMKD qui est composée de la partie CFQPKD
& des deux triangles FLQ, KMP recevra toujours plus
d'impulsion que la voile CF*lm*KD qui est formée de la
partie CFQPKD & du trapeze Q*lm*P : & on voit donc
qu'il n'est point à propos de retrécir les voiles par le sommet, quoi qu'on leur donne en même-tems plus d'élévation & qu'elles soient exposées, peut-être par le haut à un
vent plus rapide. Car, encore une fois, aussi-tôt que leur
centre d'effort sera précisément dans le même point N,
on perdra toujours plus par le retranchement des deux
triangles FLQ, KMP, ou par la diminution de la largeur,
qu'on ne gagnera par l'addition du trapeze Q*lm*P, ou par
l'augmentation de la hauteur. Il est clair qu'on pourra
appliquer aussi le même raisonnement aux voiles qui n'auront point de vergues au milieu & qui n'auront la figure
que d'un simple trapeze.   I V.

IV.

Il fuit de tout cela qu'on doit toujours, contre la pratique ordinaire des Marins, donner le plus de largeur qu'il
eſt poſſible aux voiles par en haut ; & qu'il ſuffit d'obſerver ſimplement de ne leur en pas donner une ſi grande ,
qu'on ait enſuite trop de peine à les orienter. Sans cela ,
nous pourrions augmenter leur largeur d'une quantité exceſſive : car nous pourrions le faire tant que la Mâture
ne feroit pas capable de faire verſer le Vaiſſeau par ſa
peſanteur. Mais , ſi nous ne pouvons pas pouſſer les choſes ſi loin , parce que nous devons faire attention à la facilité de la manœuve , & à la commodité des Matelots ,
nous avons toujours la liberté de faire une augmentation
conſidérable & de rendre la Navigation beaucoup plus
prompte. Ce ne font pas de ſemblables raiſons de convenance , qui ont empêché les Marins d'augmenter juſqu'icy
la largeur de leurs voiles : ils ont été arrêtez par la vûë
du péril auquel ils ſe feroient évidemment expoſez. Cela
eſt ſi vrai , que lorſqu'ils voyent qu'il n'y a rien à craindre ,
parce que *le vent n'eſt pas trop* fort ; ils allongent leurs
vergues avec des *boutes-hors* , & ils y appliquent de larges
bandes de toile , qu'ils nomment des *bonnettes*. Ce n'eſt
au ſurplus que par l'experience qu'on peut découvrir juſqu'où on peut porter l'augmentation: Car cecy n'eſt pas ſuſ-
ceptible d'une détermination exacte & géométrique. Mais
nous pouvons toujours au moins, en attendant , faire nos
vergues de quatre ou cinq fois la largeur du navire ; ou les
faire deux fois , ou deux fois & demie plus longues que
les ordinaires.

On pourra peut-être encore rendre les voiles plus larges par en haut ; & cela principalement lorſqu'on ne leur
donnera que la figure d'un ſimple trapeze , & qu'on ne
mettra point de vergue FK au milieu de leur hauteur. Il
faut remarquer que nous n'avons pas les mêmes raiſons

I.

Fig. 16.

que les Marins de divifer nos voiles en plufieurs parties par différentes vergues. Les Marins ne partagent leurs voiles en trois ; la *voile baffe* , la *voile de hunier* & la *voile de perroquet* qu'afin d'avoir plus de facilité à en diminuer l'étenduë , en ferrant quelqu'une de ces parties , lorfque la force du vent augmente : Au lieu que la difpofition parfaite que nous donnons à nos voiles , fait que nous les porterons toujours toutes hautes fans être obligé d'en changer fi fouvent l'étenduë : & lorfque nous jugerons à propos de le faire , foit pour modérer la viteffe du fillage , foit pour quelqu'autre raifon , nous ne changerons point leur hauteur , mais feulement leur largeur par tout proportionellement;afin que leur centre d'effort refte toujours précifément dans le même endroit. C'eft pourquoi nous ne mettrons de vergues au milieu de nos voiles que pour les foûtenir & les empêcher de prendre une trop grande courbure : & toutes les fois que nous verrons qu'elles ne doivent pas avoir beaucoup de hauteur , nous ôterons cette vergue du milieu , & nous rendrons celle d'en haut plus longue.

V.

Enfin lorfquon fera convenu de toutes les largeurs de la voile CFLMKD , il n'y aura pour achever d'en regler la difpofition , qu'à chercher le rapport de la hauteur EN de fon centre d'effort à fa hauteur entiere ES. (C'eft ce qu'on pourra toujours faire affez aifément par les régles de la Statique : car comme la voile eft fenfiblement plane, fon centre d'effort N ne differe pas fenfiblement du centre de gravité de fa furface CFLMKD.) Et lorfqu'on fçaura le rapport de la hauteur EN à la hauteur ES , il n'y aura qu'à comparer le premier terme de ce rapport à la hauteur que doit avoir le centre d'effort ou à la hauteur du *point vélique* , & le fecond terme fera connoître la hauteur qu'il faudra donner à la voile. Ou pour trouver la même chose par une méthode plus générale, on n'a qu'à exprimer la hauteur du centre d'effort de la voile en termes algébriques & en employant, comme cela est nécessaire la hauteur même de la voile, & si on fait ensuite une équation de cette expression & de la hauteur du *point vélique*, au-dessus du navire, il ne restera plus qu'à resoudre cette équation, en considérant la hauteur de la voile comme inconnuë. Si on nomme, par exemple, h la hauteur du *point vélique*; a la longueur de la vergue inférieure CD, ou la largeur qu'on se propose de donner à la voile par en bas; c la longueur de la vergue FK que je suppose toujours située au milieu du Mât pour une plus grande facilité; e la longueur de la vergue supérieure LM, & enfin u la hauteur inconnuë ES, que doit avoir le Mât. Il est facile de voir que la hauteur EN du centre d'effort N de toute la surface CFLMKD est $\frac{\frac{1}{6}a + c + \frac{5}{6}e}{a + 2c + e} \times u$; & puisqu'il est nécessaire pour que la Mâture soit bien disposée que cette hauteur soit égale à l'élevation h du *point vélique* au-dessus du navire, nous aurons l'équation. . . .

$$\frac{\frac{1}{6}a + c + \frac{5}{6}e}{a + 2c + e} \times u = h$$

, dans laquelle il est facile de découvrir la hauteur u du Mât: il vient

$$u = \frac{a + 2c + e}{\frac{1}{6}a + c + \frac{5}{6}e} \times h ;$$

& cette formule se réduit à cette autre

$$u = \frac{a + 3c}{\frac{1}{6}a + \frac{1}{2}c} \times h$$

lorsque les deux vergues FK & LM sont égales comme dans nôtre Figure. De sorte que nous n'aurons alors qu'à faire cette analogie; la *somme de la sixiéme partie de la base CD & des onze sixiémes de la largeur FK ou LM est à la somme de la base CD & du triple de la largeur FK ou LM comme la hauteur du point vélique au dessus du Navire, est à la hauteur ES qu'il faut donner au Mât.* Et lorsqu'il n'y aura point de vergue au milieu du Mât & que la voile CLMD ne sera qu'un seul trapeze, la largeur c sera égale à $\frac{1}{2}a + \frac{1}{2}e$, & la formule générale $u = \frac{a + 2c + e}{\frac{1}{6}a + c + \frac{5}{6}e} \times h$ se reduira à $u = \frac{3a + 3e}{a + 2e} \times h$: d'où il suit qu'il n'y aura qu'à faire cette proportion, *la largeur CD de la voile par en bas, jointe avec le double de sa largeur LM par le sommet, est au triple de la somme des largeurs du bas & du sommet, comme la hauteur du point vélique au-dessus du Navire, sera à la hauteur ES qu'il faudra donner à la voile.*

VI.

Au surplus quoique la méthode précédente soit toujours assez exacte dans la pratique, il faut cependant convenir qu'elle ne l'est pas tout-à-fait, parce qu'il faudroit faire attention à l'impulsion que le vent fait sur la poupe, & ce seroit le centre de l'impulsion totale sur la poupe & sur la voile, qu'il faudroit faire répondre au *point vélique*. Ainsi le centre de l'effort particulier des voiles devroit être un peu plus haut que cy-devant, & il est clair encore qu'il faudroit que cet effort fût en équilibre avec celui de la poupe en dessus & en dessous du *point vélique*: car on sçait que l'action de deux forces ne se réunit dans un certain point que lorsqu'elles sont en équilibre de part & d'autre de ce point, ou que lorsque leurs momens sont parfaitement égaux. Or si nous conservons les mêmes dénominations que cy-dessus, nous aurons toujours $\frac{\frac{5}{6}a + c + \frac{5}{6}e}{a + 2c + v} \times u$ pour la hauteur du centre d'effort de la voile au-dessus du Navire; & si nous en ôtons h, nous trouverons . . . . . . $\frac{\frac{5}{6}a + c + \frac{5}{6}e}{a + 2c + e} \times u - h$ pour la quantité dont le centre d'effort de la voile est au-dessus du *point vélique*: & il ne nous restera qu'à multiplier cette quantité par l'étenduë $\frac{1}{4}a + \frac{1}{2}c + \frac{1}{4}e \times u$ de la voile pour avoir son moment $\frac{1}{24}a + \frac{1}{4}c + \frac{5}{24}e \times u^2 - \frac{1}{4}a - \frac{1}{2}c - \frac{1}{4}e \times hu$ par rapport au *point vélique*. D'un autre côté nous pouvons mesurer aisément l'étenduë p^2 de la partie AB de l'arriere du Navire qui est au-dessous de la voile, de même que la quantité q dont le centre d'ef-

fort de cette partie eſt au-deſſous du *point vélique* , & Fig. 16.
ainſi nous pouvons regarder ſon moment p^2q comme
connu. Il n'eſt pas néceſſaire de nous mettre en peine de
la partie de la poupe qui répond au-deſſus de la baſe CD :
car elle empêche que le vent ne frappe ſur une portion
de la voile , & elle ne fait préciſément que réparer l'effet
que feroit cette portion , ſi elle étoit expoſée au choc du
vent. Mais enfin , puiſque le moment p^2q de la partie AB
de la poupe doit être égal au moment $\overline{\frac{1}{24}a + \frac{1}{4}c + \frac{5}{24}e} \times u^2$
$- \overline{\frac{1}{4}a - \frac{1}{2}c - \frac{1}{4}e} \times hu$ de la voile , pour que le centre de
l'impulſion totale réponde exactement au *point vélique* ,
nous aurons l'équation du ſecond degré $\overline{\frac{1}{24}a + \frac{1}{4}c + \frac{5}{24}e} \times u^2$
$- \overline{\frac{1}{4}a - \frac{1}{2}c - \frac{1}{4}e} \times hu = p^2q$; & ſi on ſe donne la peine de
la réſoudre , on trouvera la formule générale $u =$

$$u = \frac{\overline{\frac{1}{2}a + c + \frac{1}{2}e} \times h + \sqrt{\overline{\frac{1}{2}a + c + \frac{1}{2}e}^2 \times h^2 + \overline{\frac{1}{6}a + c + \frac{5}{6}e} \times 4p^2q}}{\frac{1}{6}a + c + \frac{5}{6}e}$$

qui ex-
prime en grandeurs entiérement connuës la hauteur u que
doit avoir la Mâture au-deſſus du Navire, pour qu'elle ſoit
tout-à-fait bien diſpoſée, & pour que la direction de l'impulſion totale du vent paſſe tout-à-fait exactement par le
point vélique : a, c & e ſont les largeurs de la voile par en
bas, par le milieu & par le haut; h eſt la hauteur du *point
vélique* au-deſſus du Vaiſſeau; p^2 eſt la ſurface de la poupe, & q la quantité dont le centre d'effort de cette ſurface
eſt au-deſſous du *point vélique*.

Fin de la premiere Section.

[illegible]

DE LA MÂTURE
DES
VAISSEAUX.

✦✦✦✦✦✦✦✦✦✦✦✦✦✦✦✦✦✦ ✦✦✦✦✦✦✦✦✦✦✦✦✦✦✦✦✦✦

SECONDE SECTION.

*Où l'on examine les conditions de la Mâture parfaite
dans les routes obliques.*

CHAPITRE PREMIER.

*Moyens de rendre dans tous les Vaisseaux la Mâture à peu
près parfaite pour les routes obliques.*

I.

L fera toujours facile de déterminer le *point
vélique* dans la route directe ; car là verticale
du centre de gravité de la premiere tranche de
la carene, & l'axe de l'impulfion de l'eau fur la
prouë feront néceffairement dans un même
plan, & leur interfection déterminera toujours fans diffi-

culté ce point par lequel doit paſſer la direction de l'impreſſion du vent ſur la voile. Mais il peut arriver, lorſque le
Navire ſingle obliquement par rapport à ſa quille, que
l'axe de l'impulſion de l'eau paſſe en avant ou en arriere de
la verticale du centre de gravité de la premiere tranche de
la carene, & que ces deux lignes ne ſe rencontrent pas.
Si, par exemple, le Navire de la Figure 17. reçoit de la
part de l'eau en ſinglant obliquement, une impulſion dont
l'axe ou la direction ſoit la ligne DH, & ſi le centre de gravité de la ſection de la carene faite à fleur d'eau eſt en γ,
il eſt conſtant que comme la direction DH du choc de
l'eau & la verticale γQ ne ſe coupent point, il ſera im-
poſſible (d'une impoſſibilité Phyſique que nous ne pouvons pas vaincre) de déterminer le *point vélique*; & cela non pas à cauſe de quelque deffaut de nôtre théorie,
mais à cauſe de la diſpoſition particuliere du Vaiſſeau.
C'eſt ce qui montre qu'il ſeroit à propos que le centre de
gravité de la coupe du Navire faite à fleur d'eau, au lieu
d'être en γ, fût en *g* ſur l'axe D*g* de l'impulſion relative
de l'eau ſelon la tendance horiſontale : c'eſt à quoy les
Conſtructeurs pourroient faire attention dans la fabrique
de leurs Vaiſſeaux.

Fig. 17.

III.

Cependant s'il étoit permis d'incliner la voile & de la
pancher du côté de la route, nous pourrions la diſpoſer
de ſorte que la direction IK [Fig. 18.] de l'effort du vent
tomberoit exactement ſur la direction DH du choc abſolu de l'eau, & enſuite les impulſions du vent & de l'eau
ſeroient non-ſeulement contraires dans le ſens horiſontal,
mais elles le ſeroient auſſi dans le vertical; & leur oppoſi-
tion parfaite ſeroit cauſe qu'elles ſe détruiroient entierement, ſans pouvoir former un effort mutuel vertical comme à l'ordinaire : & ainſi le Navire n'étant tiré ni en haut
ni en bas, n'enfonceroit toujours préciſément que la mê-

Fig. 18.

mc=

me partie de fa carene dans l'eau, & navigeroit en con-
fervant conftamment fa fituation horifontale, comme s'il
étoit en repos dans le port même. Mais le plus fouvent
cette difpofition de la voile ne feroit pas praticable. Car fi
la direction DH du choc de l'eau fur la proüe faifoit un
grand angle avec l'horifon, il faudroit beaucoup incliner
la voile & la mettre prefque horifontalement ; & dans cette fituation elle ne feroit pouffée par le vent qu'avec très-
peu de force, & elle ne feroit prefque point marcher le
Navire. D'un autre côté, fi la direction DH, ne faifoit
qu'un petit angle avec l'horifon, il feroit encore fort difficile de donner une étenduë un peu confidérable à la voile, & de faire tomber en même-tems fon effort directement fur DH. Enfin, fi on peut incliner quelquefois la
voile, il eft certain que c'eft dans un fens tout contraire à
celui-cy. Car il faut icy mettre la bafe M de la voile hors
du Navire du côté du vent & du côté que les vagues cho-
quent avec le plus de force ; & de cette forte la voile doit
être continuellement expofée aux coups de mer.

III.

Mais quel parti prendrons-nous donc lorfque le centre
de gravité de la coupe de la carene fera effectivement en
γ hors de la direction Dg du choc relatif horifontal de
l'eau ? car quelque fituation que nous donnions à la direction SI de la voile, la verticale qui fera la direction compofée des impulfions du vent & de l'eau ne paffera jamais
par ce centre de gravité γ & par conféquent le Navire
s'inclinera toujours. Sur cela nous ferons maintenant remarquer qu'entre toutes les difpofitions de la voile, il y en
a toujours quelqu'une qui altere moins la fituation horifontale du Vaiffeau, & qui par conféquent approche plus
d'être parfaite. Suppofé, par exemple, que dans la Figure 17. la direction de l'impulfion du vent foit SI ; la verticale VNT fur laquelle les chocs du vent & de l'eau fe

Fig. 17.

K

Fig. 17. réuniffent & fe compofent, fera appliquée à une bien plus petite diftance du centre de gravité γ que la verticale *UNT* fur laquelle fe joindroient les chocs du vent & de l'eau, fi la direction de la voile étoit *SJ* : d'où il fuit que la premiere pofition du centre d'effort de la voile en l feroit beaucoup plus parfaite que la feconde où le centre d'effort feroit en *J* & qu'elle feroit beaucoup moins incliner le Vaiffeau. Et fi la coupe du Navire faite au raz de la mer, eft un cercle dont γ eft le centre, il eft clair qu'il n'y aura qu'à abaiffer de ce centre une perpendiculaire γ*u* fur l'axe de D*g* de l'impulfion horifontale de l'eau ; du point *u* élever une verticale *un* jufqu'à l'axe DH de l'impulfion abfoluë de l'eau, & ce fera par le point *n* qu'il faudra faire paffer la direction de la voile pour lui donner la difpofition la plus parfaite pour la route oblique. Car les verticales VT ou *UT* fur lefquelles les impulfions du vent & de l'eau fe réuniroient dans toutes les autres difpofitions, répondroient toujours à une plus grande diftance du centre de gravité γ, que la verticale *tnu*.

I V.

Dans les Vaiffeaux ordinaires, la premiere tranche de la carene n'eft pas un cercle, & ainfi il faudra élever la verticale *ut* de quelque point différent de *u*, parce que l'effet de la force compofée verticale des chocs de l'eau & du vent, dépend non-feulement de la diftance de la direction au centre γ, mais auffi du côté où répond cette direction, comme on l'a fait voir dans l'article II. du Chapitre V. de la Section précedente, en expliquant pourquoi les Navires s'inclinent avec plus de facilité des deux côtez de *ftribord* & de *basbord* que dans le fens de la prouë & de la poupe. Mais ce qui eft icy principalement confidérable, c'eft que l'endroit duquel on doit élever la verticale pour découvrir le *point vélique*, fera toujours fitué entre *g* & *u* ; de manière que le *point vélique*

ne doit jamais avoir moins de hauteur que gN , ni plus Fig. 17.
que un. Ainsi lorsque les hauteurs gN & un seront presque égales , ou ce qui est la même chose , lorsque g & u
seront fort proche l'un de l'autre , (ce qui arrivera toutes
les fois que la direction du choc horisontal de l'eau fera
un grand angle avec la longueur du Navire) on pourra
regler indifféremment la Mâture sur gN ou un ; ou plû-
tôt il n'y aura qu'à se servir toujours alors de gN , c'est-
à-dire , qu'il n'y aura qu'à faire passer la direction SI de
la voile par le point N de l'axe DH de l'impulsion de l'eau
sur la prouë , qui répond exactement au-dessus de la quil-
lé. Les impulsions du vent & de l'eau se réuniront ensuite sur la verticale VNT & tireront en haut suivant cette ligne : & comme après cela le Navire ne perdra sa situation horisontale que dans le sens de sa longueur en
s'inclinant vers la prouë ou vers la poupe, selon que la
verticale gNT sur laquelle les chocs du vent & de l'eau se
réunissent , sera appliquée en arriere ou en avant du centre de gravité γ de la coupe du Navire faite à fleur d'eau,
on ne sera point exposé à tant de périls ; parce qu'on n'y
est sur tout exposé que lorsque le Navire s'incline de
côté.

V.

Enfin quelquefois le point g sera assez éloigné du centre de gravité γ de la coupe horisontale du Navire faite
au raz de la mer , & le point u en sera fort proche ; alors
ce sera du point u qu'il faudra élever la verticale ut pour
trouver le *point vélique* n : & cela pour deux raisons
principales. 1°. Le point n se trouvera plus élevé que le
point N , & il est avantageux que le *point vélique* ait
une hauteur considérable , parce qu'on a ensuite la liberté de donner à la voile un plus grand nombre de situations
& qu'on peut augmenter plus facilement son étenduë.
2°. Comme le point u est selon la supposition fort pro-

K ij

che du centre γ, la verticale *unt* fuivant laquelle les impulfions du vent fur la voile & de l'eau fur la prouë doivent agir de concert, fe trouvera appliquée à très-peu de diftance du centre γ; il s'en faudra par conféquent fort peu qu'il n'y ait équilibre entre l'effort compofé de ces impulfions & la pouffée verticale de l'eau; & ainfi le Navire ne s'inclinera pas confiderablement

CHAPITRE II.

Trouver la difpofition de la voile qui approche le plus de la perfection pour une route oblique propofée.

I.

CEpendant on peut toujours trouver exactement la difpofition de la voile qui approche le plus d'être parfaite, c'eft-à-dire, la difpofition qui produit la moindre inclinaifon dans le Vaiffeau. Afin d'en expliquer plus fenfiblement la méthode, propofons-nous un Navire dont la coupe faite au raz de la mer, lorfqu'il flote librement par fa feule pefanteur, foit une ellipfe AXBZ [Fig. 19.] DH eft la direction du choc abfolu de l'eau fur la prouë & fur le flanc du Navire, & DL la direction du choc relatif de l'eau felon le fens horifontal. *axbz* eft la coupe du même Navire faite au raz de la mer lorfqu'il eft tiré en l'air par l'effort compofé des chocs du vent & de l'eau. Le folide A*x*B*z* compris entre les deux plans AXBZ & *axbz* reprefente la partie non-fubmergée de la carene; partie qu'on peut regarder comme cilindrique, puifqu'il ne s'agit icy que des plus petites inclinaifons du Navire & que la carene ne diminuë pas confidérablement de groffeur dans une hauteur de 10 à 12 pouces. Cette partie non-fubmergée feroit partout de même épaiffeur fi le Navire avoit confervé fa fituation horifontale; mais les

deux plans AXBZ & *axbz* au lieu d'être paralelles vont
se rencontrer dans une ligne OK qui leur sert de commune section ; & si des centres de gravité G & *g* des deux
plans AXBZ & *axbz*, on abaisse des perpendiculaires GK
& *g*K sur la commune section OK, langle GK*g* sera l'angle
que feront les plans des deux ellipses & marquera l'inclinaison du Vaisseau. Ainsi le problême se réduit à trouver
les angles GK*g* que produisent toutes les dispositions de la
voile & à choisir le plus petit ; ou bien nous n'avons qu'à
chercher l'expression générale des côtez GK ou *g*K & en
prendre ensuite le *plus grand* : parce que plus les deux
côtez GK ou *g*K d'un angle GK*g* reçoivent d'augmentation, pendant que sa base G*g* qui est l'épaisseur du solide
A*x*B*z* mesurée entre les centres G & *g*, reste la même,
plus cet angle devient petit. Il est certain que la partie
non-submergée A*x*B*z* conserve toujours vis-à-vis des centres G & *g* la même épaisseur que si le Navire ne perdoit
pas sa situation horisontale : car quelque situation que
prenne le Vaisseau, il faut que la partie non-submergée de
la carene soit toujours d'une même solidité, puisque l'effort composé des impulsions du vent & de l'eau, tire toujours en haut avec la même force absoluë ; & on démon-
tre en Statique que pour qu'une tranche de prisme ou de
cilindre telle que l'est à peu près A*x*B*z*, soit toujours d'une
égalé solidité, il faut que la distance G*g* comprise entre
les centres de gravité G & *g* de ses deux bases AXBZ
& *axbz*, soit toujours la même.

Fig. 19.

I I.

J'appelle 2*a* le grand axe AB de l'ellipse AXBZ, qui
fait la longueur du Navire à prendre au raz de l'eau ; &
2*p* le parametre de ce diametre. Je nomme *b* la partie connuë FG du grand axe, interceptée entre le centre G & la
direction horisontale DL du choc de l'eau ; & *c* la partie aussi connuë GL du petit axe, interceptée entre le cen-

Fig. 19. tre G & la même direction DL. Je prends ensuite à volonté sur la direction DL un point V duquel j'éleve une verticale VT. Je fais passer par ce point V, un diametre SP & des points V & P j'abaisse des perpendiculaires Vω & PI à AB; & je désigne GI par x, PI par y & VG par z. Ces trois valeurs x, y, & z sont indéterminées ou variables, afin de convenir à tous les points V de la direction DL desquels on peut élever la verticale VT, pour découvrir le *point vélique* N. Mais ces trois variables x, y, & z se réduisent d'abord à deux, parce qu'on peut trouver la valeur de z en x & en y d'une maniére qui convienne généralement aux coupes comme AXBZ de toutes sortes de figures. Par la comparaison des triangles semblables PIG, VωG, nous avons les deux proportions suivantes; $GP = \sqrt{\overline{GI}^2 + \overline{IP}^2} = \sqrt{x^2 + y^2}$ | $IP = y$ || $VG = z$ | $V\omega = \dfrac{yz}{\sqrt{x^2 + y^2}}$; & $GP = \sqrt{x^2 + y^2}$ | $GI = x$ || $VG = z$ | $\omega G = \dfrac{xz}{\sqrt{x^2 + y^2}}$. Et les deux triangles semblables LFG, VFω nous donnent cette autre proportion, $FG = b$ | $GL = c$ || $F\omega = FG - \omega G = b - \dfrac{xz}{\sqrt{x^2 + y^2}}$ | $V\omega = \dfrac{yz}{\sqrt{x^2 + y^2}}$, dont nous tirons $\dfrac{byz}{\sqrt{x^2 + y^2}} = bc - \dfrac{cxz}{\sqrt{x^2 + y^2}}$ qui se reduit à $byz + cxz = bc\sqrt{x^2 + y^2}$ & à $z = \dfrac{bc\sqrt{x^2 + y^2}}{by + cx}$. C'est pourquoi nous continuërons de marquer GI par x, & IP par y; mais au lieu de marquer VG par z, nous le ferons par $\dfrac{bc\sqrt{x^2 + y^2}}{by + cx}$.

III.

Je considere maintenant que lorsque la direction de la voile passera par le point N, les impulsions du vent sur la voile & de l'eau sur la prouë se réuniront dans la verticale VNT & tendront à faire incliner le Navire en le tirant

en haut felon cette verticale , jufqu'à ce qu'il y ait équilibre de part & d'autre du centre de gravité du Navire entre leur effort composé & la pouffée verticale de l'eau qui
agit dans le centre de gravité de la partie fubmergée. Or
cet équilibre ne fe trouve que lorfque le centre de gravité γ de la partie non-fubmergée AxBz de la carene , fera
venu fe placer dans la verticale VNT : car ce que nous
avons dit de cet équilibre dans les Articles II. & III. du
Chapitre V. de l'autre Section , en parlant des Vaiffeaux
fituez horifontalement, a lieu dans les Vaiffeaux qui ne
font que fort peu inclinez : & cela parce que le centre de
gravité d'un Navire incliné de la forte , répond encore à
peu près au-deffus ou au-deffous du centre de gravité de
fa carene.

Il s'enfuit de-là que, pour découvrir l'inclinaifon que
doit produire dans le Navire l'effort composé des impulfions du vent & de l'eau qui tire en haut felon chaque verticale VT , nous n'avons qu'à chercher à quelle diftance
GM ou GK les plans AXBZ & $axbz$ fe rencontrent,
lorfque le centre de gravité γ du folide AxBz fe trouve
dans chaque verticale VT. Pour cela on appellera u la diftance GM, & on cherchera d'abord par les méthodes que
fournit la Statique , en feignant que u eft connue , combien le centre de gravité γ de la partie non-fubmergée
AxBz eft au-delà de G. La valeur Gγ renfermera cer-
tainement quelque puiffance de u & fi on forme enfuite
une équation dans laquelle cette valeur Gγ foit un des
membres & de la diftance $GV = \frac{bc\sqrt{x^2 + y^2}}{by + cx}$ l'autre mem-
bre à caufe que le centre de gravité γ doit répondre fous
la verticale VT pour que le Navire ne change point d'é-
tat , il fera facile de trouver la valeur de u, en réfolvant
l'équation. Il faut remarquer que le centre de gravité γ
n'eft prefque jamais placé fous la ligne GK , quoique cette ligne foit perpendiculaire à la commune Section KO
des plans AXBZ & $axbz$; car cette ligne ne divife pas

Fig. 19. pàr la moitié les petits rectangles verticaux tels que $XZzx$ qui font paralelles à la commune Section KO, & qui fervent d'élemens au folide $AxBz$. Ici, par exemple, où la coupe AXBZ eft une ellipfe, & où XZ eft un diametre paralelle à KO ou perpendiculaire à GK, c'eft le diametre SP conjugué de XZ qui partage par la moitié tous ces rectangles élementaires, & c'eft par conféquent fous ce diametre que doit être fitué le centre de gravité γ. Mais cherchant enfin la diftance $G\gamma$ par rapport à $GM = u$, on trouve $G\gamma = \dfrac{\overline{GP}^2}{4 \times u}$ ou $\dfrac{x^2 + y^2}{4u}$ par la fubftitution de $x^2 + y^2$ à la place $\overline{GP}^2$. Et l'équation indiquée cy-deffus de $G\gamma = \dfrac{x^2 + y^2}{4u}$ & de $VG = \dfrac{bc\sqrt{x^2 + y^2}}{by + cx}$, eft $\dfrac{x^2 + y^2}{4 \times u} = \dfrac{bc\sqrt{x^2 + y^2}}{by + cx}$; de laquelle on peut deduire $u = \dfrac{\sqrt{x^2 + y^2} \times \overline{cx + by}}{4bc}$.

IV.

Ayant ainfi déterminé la valeur de $u = GM$, il nous faut chercher la raifon de GM à GK, afin de pouvoir trouver GK. Il eft fenfible que cette raifon doit dépendre de la figure de la coupe AXBZ & qu'il fera toujours poffible de la découvrir par l'examen qu'on fera de cette figure. Pour icy nous menerons par le point P la ligne RQ paralellement à la commune Section KO des deux coupes AXBZ & $axbz$; cette ligne RQ fera tangente à l'ellipfe AXBZ, puifqu'elle fera paralelle au diametre XZ conjugué de SP; & comme le rapport de GM à GK fera le même que celui de GP $(= \sqrt{x^2 + y^2})$ à GR, il eft évident que nous n'avons qu'à chercher GR. Or c'eft une propriété de l'ellipfe que $\parallel$ GI $= x$ $\mid$ GB $= a$ $\mid$ GQ $= \dfrac{a^2}{x}$. Ainfi IQ $=$ GQ $-$ GI $= \dfrac{a^2 - x^2}{x}$; & puifque le triangle PIQ eft rectangle, fon hypotheneufe PQ doit être $= \dfrac{\sqrt{a^4 - 2a^2x^2 + x^4 + x^2y^2}}{x^2} = \sqrt{\overline{IQ}^2 + \overline{IP}^2}$. Et enfin à caufe

fe des triangles PQI, GQR, qui font femblables (puif-
qu'ils ont un angle commun Q, & qu'ils font outre cela
rectangles ; le triangle PQI en I, parce que l'ordonnée PI
eft perpendiculaire au grand axe AB, & le triangle GQR
en R, parce que la tangente QR eft paralelle au diametre ZX qui eft perpendiculaire à GK) nous avons la pro-
portion $PQ = \dfrac{\sqrt{a^4 - 2a^2x^2 + x^4 + x^2y^2}}{x}$ | $PI = y$ || $GQ =$

$\dfrac{a^2}{x}$ | $GR = \dfrac{a^2y}{\sqrt{a^4 - 2a^2x^2 + x^4 + x^2y^2}}$; enfuite de quoi la pro-

portion $GP = \sqrt{x^2 + y^2}$ | $GR = \dfrac{a^2y}{\sqrt{a^4 - 2a^2x^2 + x^4 + x^2y^2}}$ ||

$GM = \dfrac{by + cx\sqrt{x^2 + y^2}}{4bc}$ | GK, nous donne . . . . o

$$\dfrac{a^2by^2 + a^2cyx}{4bc\sqrt{a^4 - 2a^2x^2 + x^4 + x^2y^2}}$$ pour la diftance requife GK du
centre G, à la commune Section KO des plans des deux
coupes AXBZ & axbz.

V.

Dans cette valeur de GK il y a deux variables x & y ;
mais puifque nous en fçavons le rapport par l'équation
$\dfrac{a}{p} y^2 = a^2 - x^2$ qui exprime la nature de l'ellipfe, nous
n'avons qu'à fubftituer $pa - \dfrac{px^2}{a}$ à y^2, & la valeur dont il
s'agit ne contiendra plus que x de feule variable. Il vient

$$\dfrac{a^3bp - abpx^2 + a^2cx\sqrt{ap - \dfrac{p}{a}x^2}}{4bc\sqrt{a^4 - 2a^2x^2 + apx^2 + x^4 - \dfrac{p}{a}x^4}}$$ qui eft donc l'expreffion

génerale de GK, & qui marque à quelle diftance du centre
G, les plans des deux ellipfes AXBZ, axbz vont fe rencontrer. C'eft pourquoi il ne refte plus qu'à faire un *maximum*
de cette expreffion ; puifque, comme nous l'avons deja
dit, plus les plans des deux ellipfes iront fe rencontrer en
OK à une grande diftance GK du centre G, plus l'angle

L

Fig. 19. GKg sera petit de même que l'inclinaison du Navire. Je

prends donc la différentielle de $\dfrac{a^3bp - abpx^2 + a^2cx\sqrt{ap - \frac{p}{a}x^2}}{4bc\sqrt{a^4 - 2a^2x^2 + apx^2 + x^4 - \frac{p}{a}x^4}}$

& l'égalant à zéro , je trouve après quelque réduction $x = \sqrt{\dfrac{a^5c^2}{a^3c^2 + b^2p^3}}$, ce qui fait voir que l'ordonnée PI doit être éloignée du centre G de la distance $GI = \sqrt{\dfrac{a^5c^2}{a^3c^2 + b^2p^3}}$. On conduira ensuite de l'extrémité P de cette ordonnée le diametre PS ; & si du point V où ce diametre coupe la direction horisontale DL du choc de l'eau, on éleve la verticale VT, cette verticale déterminera par son concours avec l'axe DH du choc absolu de l'eau, le *point vélique* N par lequel il faudra faire passer la direction de la voile.

VI.

On voit assez que la méthode qu'on vient de suivre pourra s'appliquer à toutes sortes de figures, & qu'on trouvera toujours par la même voye la situation de la voile qui fera le moins incliner le Vaisseau. Mais comme il pourroit arriver que cette disposition qui approche le plus de sa perfection seroit encore trop imparfaite pour qu'on pût s'en servir avec confiance, il faudra examiner de combien elle pourra faire pancher le Navire. Il n'y aura pour cela qu'à introduire les valeurs de x & de y dans l'expression $\dfrac{a^2by^2 + a^2cyx}{4bc\sqrt{a^4 - 2a^2x^2 + x^4 + y^2x^2}}$ de la distance GK du point G à la ligne de rencontre KO des deux coupes AXBZ, *axbz*; & si cette distance GK se trouve de plus de 10 ou 12 pieds, la disposition de la Mâture aura autant de perfection qu'il est nécessaire dans la pratique : car comme Gg n'est que de 3 ou 4 pouces lorsque le vent souffle avec le plus de force, l'angle GKg de la plus grande inclinaison du Navire ne sera que d'un ou deux degrez. Lorsqu'on déterminera

le *point vélique* par les regles du Chapitre précedent , Fig. 19.
on pourra trouver de la même maniére jufqu'où doit aller
l'inclinaifon : car l'expreffion $\dfrac{a^2by^2 + a^2cyx}{4bcV\,a^4 - 2a^2x^4 + x^4 + y^2x^2}$ eft
génerale & defigne la diftance GK à laquelle les plans des
deux ellipfes ABXZ , *axbz* vont fe rencontrer pour tous
les divers points V de la ligne DL , defquels on peut élever la verticale VNT. Mais pour juger plus aifément de
l'inclinaifon du Navire, nous n'avons qu'à nous fervir im-
médiatement de l'équation $G\gamma = \dfrac{\overline{GP}^2}{4 \times GM}$ qui marque la
relation de la diftance GM à la quantité $G\gamma$ dont le cen-
tre de gravité γ de la partie non-fubmergée AxBz de la
carene eft éloigné du point G. Nous regarderons $G\gamma$ comme connuë, parce que le centre de gravité γ doit répondre
fous la verticale VNT ; & fi nous cherchons GM , il nous
viendra $GM = \dfrac{\overline{GP}^2}{4 \times G\gamma}$: deforte qu'il fuffit de divifer le
quarré de la moitié du diametre PS fur lequel fe trouve le
point V , par le quadruple de la diftance de ce point ou du
centre de gravité γ au point G , & on aura la diftance
GM à laquelle les deux ellipfes vont fe rencontrer fur le
diametre SP. Si le point V eft , par exemple, éloigné du
point G de trois pieds , & que le demi diametre GP foit
de 16 pieds, on trouvera que GM eft de $21\frac{1}{3}$ pieds ; & il
fera enfuite facile de voir, même fans calcul, fi la diftance
GK eft affez grande pour rendre l'inclinaifon du Navire
infenfible. Il faut remarquer de plus qu'on peut appliquer
la formule même $GM = \dfrac{\overline{GP}^2}{4 \times G\gamma}$ à la plûpart des Navires ,
parce que fi la figure de leur coupe faite à fleur d'eau n'eft
pas tout-à-fait elliptique , elle n'en différe pas ordinairement affez , pour qu'il y ait beaucoup de différence dans
le centre de gravité γ du folide AxBz. Or nous ne doutons point qu'on ne trouve toujours de cette forte que le
point vélique que nous venons de déterminer , eft fuffifam-

ment bon , & qu'on peut même auffi fe fervir avec sûreté dans tous les Vaiffeaux ordinaires , des autres *points*
véliques que nous avons indiquez dans le Chapitre précédent.

CHAPITRE III.

Où l'on montre l'endroit où il faudroit appliquer le Mât
fi on n'en donnoit qu'un feul à chaque Vaiffeau ; & l'on
explique deux maniéres de faire paffer dans les routes
obliques , la direction de la voile par le point vélique.

I.

Lorfqu'on confidere le Vaiffeau dans la route directe ,
il paroît indifferent en quel endroit de la quille planter le Mât : car la voilé peut être plus ou moins avancée
vers la prouë , & que fa direction paffe toujours exactement par le *point vélique.* Mais en confidérant un Navire lorfqu'il fuit une route oblique , on voit évidemment
qu'en quelqu'endroit de la direction DH du choc de l'eau
on fuppofe le *point vélique* , il faut toujours mettre le
Mât dans l'endroit où la direction relative horifontale du
choc de l'eau coupe la quille. S'il s'agit , par exemple ,
du Navire de la Figure 17 , il faudra arborer fon Mât en
g , à moins qu'on ne veüille donner à ce Navire une voile
comme celle qui eft repréfentée dans cette Figure : Mais
cette voile ne feroit point propre pour la route directe.
C'eft Monfieur (Jean) Bernoulli qui a le premier reconnu
la véritable place du Mât , comme on le peut voir dans
fon excellent *Effai de manœuvre* : mais notre théorie nous
fait auffi découvrir la même chofe. Il eft clair qu'il faut que
le Mât foit planté en *g* pour que la direction de l'impulfion du vent fe trouve exactement dans le même plan vertical que la direction du choc de l'eau fur la prouë ; &

c'eft une néceffité que ces deux directions foient exactement dans un même plan vertical, afin que des deux impulfions, il puiffe réfulter un effort composé vertical, &
que le Navire étant tiré exactement en haut, il puiffe fuivre conftamment la même route.

II.

Quant à la maniére de faire paffer enfuite la direction
de la voile par le *point vélique* ; nous pouvons le faire de
deux façons différentes. Nous n'avons d'abord qu'à laiffer
toujours la voile dans fa fituation verticale, mais diminuer
fa hauteur jufqu'à ce que fon centre d'effort fe trouve vis-
à-vis du *point vélique*. *a* exprimant la largeur de la voile
par en bas comme dans le Chapitre IX. de l'autre Section ; *c* la largeur de la voile par le milieu, & *e* la largeur
par en haut, fon centre d'effort fera toujours fitué à la
même partie de fa hauteur, & il n'y aura qu'à faire cette
analogie, $\frac{1}{6} a + c + \frac{5}{6} e$ eft à la hauteur du point vélique
n, vis-à-vis duquel le centre d'effort de la voile doit répondre, comme $a + 2c + e$ fera à la hauteur qu'il faudra donner à la voile. Et fuppofé que le Navire prenne
une route plus ou moins oblique & que le *point vélique n*
monte ou defcende, il n'y aura qu'à répéter l'analogie
précédente ; ou ce qui eft la même chofe, il n'y aura qu'à
fe fervir toujours de la formule $u = \frac{a + 2c + e}{\frac{1}{6} a + c + \frac{5}{6} e} \times h$, en
mettant à la place de *h* la hauteur qu'aura actuellement le
point vélique au-deffus du Navire, & on trouvera la hauteur *u* qu'il faudra donner à la voile. On pourroit ici faire
attention à l'impulfion du vent fur le corps du Navire ;
mais la grandeur que nous donnons à nos voiles, fait que
nous pouvons négliger cette impulfion & la regarder comme infenfible.

Nous nous servirons le plus souvent de la méthode précedente de disposer la voile, parce qu'elle est très-simple & très-commode. Mais si le *point vélique* se trouvoit tout-à-fait bas, comme cela peut arriver dans certains Vaisseaux lorsqu'ils singlent fort obliquement par rapport à leur quille, on ne pourra pas alors se servir de la disposition précedente, parce que la voile auroit trop peu d'étenduë, & il faudra absolument avoir recours à la seconde disposition que nous allons expliquer. C'est de conserver à la voile sa même hauteur, de lui donner toujours, si on veut, toute la hauteur qu'elle auroit dans la route directe, mais de l'incliner plus ou moins, selon que le *point vélique* sera plus ou moins bas. C'est ce que nous avons représenté dans la Fgure 20, où DH est la direction du choc absolu de l'eau sur la prouë, & *n* le *point vélique* que nous avons déterminé en abaissant du centre de gravité *y* de la coupe horisontale du Navire faite au raz de la mer la perpendiculaire *yu* sur la direction D*u* choc relatif horisontal de l'eau, & en élevant du point *u* la verticale *un*. On voit que la direction *u*IK de la voile répond exactement au-dessus de D*u*, & qu'elle passe par le *point vélique n*, quoique ce point soit assez bas, & qu'on se serve de toute la hauteur du Mât. Mais pour que la voile puisse descendre depuis le sommet T jusqu'à la piéce de bois VO qui est horisontale, & qui est appuyée sur le Navire, il faut qu'on puisse l'étendre à mesure qu'on l'incline; puisque la distance TL devient de plus grande en plus grande. C'est pourquoi la voile APRB doit être beaucoup plus haute que ne l'exige la hauteur verticale VT; & lorsqu'on voudra la placer verticalement, il faudra envelopper l'excès de sa hauteur & le plier contre une des vergues, à peu près de la même maniére que les Marins font certains plis à leurs voiles, qui en diminuent l'étenduë lorsque le vent devient trop rapide, & qu'ils ont lieu de craindre une trop forte impulsion. On doit encore remarquer que comme la vergue EF lorsqu'il y en aura une au milieu de la voile, ne pourra pas être arrêtée contre le Mât, & qu'elle en doit être plus ou moins éloignée, selon que la voile sera plus ou moins inclinée, il sera nécessaire de mettre au dessous une piéce de bois MS pour la soutenir. Cette piéce de bois sera arrêtée par une extrémité contre le Mât, & soutenuë par l'autre par quelque cordage QM. On aura encore besoin de plusieurs autres manœuvres dont nous abandonnons la disposition à la prudence & à l'expérience des Marins; il faudra, par exemple, trouver le moyen de donner facilement differentes situations aux piéces de bois VO & SM par rapport à la quille, & il faudra aussi des cordages pour mouvoir les vergues EF & AB le long de ces piéces de bois.

Mais pour montrer comment on inclinera donc la voile, de maniére que sa direction nIK passe effectivement par le *point vélique n*, nous ferons d'abord remarquer que comme cette direction nIK est exactement perpendiculaire à la voile, parce qu'un fluide qui choque une surface la pousse toujours perpendiculairément, le centre d'effort I doit être sur la circonference d'un demi cercle qui auroit pour diametre une ligne tirée du haut du Mât au *point vélique n*. Ainsi dans la Figure 21. où VT est le Mât & *n* le *point vélique*, nous n'avons qu'à conduire la ligne Tn, & traçant sur cette ligne comme diametre le demi cercle TIYn, ce demi cercle sera *un lieu géométrique* sur lequel doit se trouver nécessairement le centre d'effort I de la voile TIL; puisque sans cela l'angle TIn formé par la voile & par sa direction nIK ne seroit pas droit. Mais si nous considérons de plus, qu'en conduisant du centre d'effort I, la ligne horifontale IS jusqu'à la rencontre du Mât, cette ligne doit partager la hauteur VT du Mât en même raison que la hauteur inclinée LT de la voile, nous concluërons que VS est à VT dans le rap-

Fig. 21.

Fig. 21

port de $\frac{1}{6}a + c + \frac{5}{6}e$ à $a + 2c + e$. Ainſi rien ne ſera plus facile que de tracer la ligne droite SI qui eſt le *ſecond lieu* ſur lequel le centre d'effort I doit encore ſe trouver. Il n'y aura qu'à faire cette proportion ; $a + 2c + e$ eſt à $\frac{1}{6}a + c + \frac{5}{6}e$, comme la hauteur VT du Mât eſt à VS : & conduiſant enſuite du point S, la ligne horiſontale SI, cette ligne déterminera en I ſur le demi cercle TIYn, l'endroit où on doit mettre le centre d'effort I. De ſorte qu'il ne reſtera plus qu'à faire paſſer la voile par ce point, & à l'étendre depuis le ſommet T du Mât juſqu'à la ligne horiſontale VL.

On pourra tracer une figure dans laquelle on exécutera en petit la conſtruction précédente, & il ſera facile de voir ſur cette figure la hauteur inclinée de la voile, & la diſtance de ſa baſe au pied du Mât. Mais ſi on veut pour une plus grande exactitude trouver les mêmes choſes par le calcul, on n'a qu'à du *point vélique* n abaiſſer par la penſée la perpendiculaire nY ſur le Mât ; du centre C du demi cercle TIYn tirer la perpendiculaire CW ſur nY, & reprolonger IS juſqu'en X. Si on déſigne enſuite la hauteur VT du Mât par la lettre b, la hauteur un du *point vélique* n par h, la quantité Vu ou Yn dont le point vélique eſt éloigné du Mât par f, & le rapport connu de LI à LT ou de VS à VT par les lettres p & q ; on aura YT $=$ VT $-$ VY $= b - h$, WC $= \frac{1}{2}b - \frac{1}{2}h$, puiſque WC doit être la moitié de YT de même que Wn l'eſt de Y$n = f$: & conſidérant que le triangle CWn eſt rectangle en W & que Cn en eſt l'hypoténeuſe, on aura C$n = \sqrt{\overline{WC}^2 + \overline{Wn}^2} = \sqrt{\frac{1}{4}b^2 - \frac{1}{2}bh + \frac{1}{4}h^2 + \frac{1}{4}f^2}$. De plus ſi nous cherchons VS par cette proportion, $q \mathbin{\rceil} p \mathbin{\Vert} VT = b \mathbin{\rceil} \frac{p}{q}b$, & que de VS $= \frac{p}{q}b$ nous en ôtions VY $= un = h$, il nous viendra YS ou WX $= \frac{p}{q}b - h$, & retranchant WX de WC $= \frac{1}{2}b - \frac{1}{2}h$ nous aurons XC $= \dfrac{\frac{1}{2}qb + \frac{1}{2}qh - pb}{q}$. Ainſi

dans

dans le triangle rectangle CXI nous connoîtrons deux cô- Fig. 11.
tez XC & IC, puisque XC $=\dfrac{\frac12 qb + \frac12 qh - pb}{q}$ & que IC

$= Cn$, $= \sqrt{\frac14 b^2 - \frac12 bh + \frac14 h^2 + \frac14 f^2}$: Nous trouverons

donc aisément le troisiéme côté IX $= \sqrt{CI^2 - CX^2} =$

$\dfrac{\sqrt{\frac14 q^2 f^2 - q^2 bh + pqb^2 + pqbh - p^2 b^2}}{q}$ & si de IX nous en retran-

chons SX qui est égale à YW $= \frac12 f$, il nous restera IS

$= -\frac12 f + \dfrac{\sqrt{\frac14 q^2 f^2 - q^2 bh + pqb^2 + pqbh - p^2 b^2}}{q}$. Ensuite de

quoi nous n'aurons plus qu'à faire cette proportion qui
est fondée sur la ressemblance des triangles IST & LVT ;

$ST = VT - VS = b - \dfrac{pb}{q}$ | $IS = -\frac12 f + \ldots\ldots\ldots$

$\dfrac{\sqrt{\frac14 q^2 f^2 - q^2 bh}}{q} + \&c.$ ‖ $VT = b$ | LV, & nous trou-

verons $LV = \dfrac{-\frac12 qf + \sqrt{\frac14 q^2 f^2 - q^2 bh + pqb^2 + pqbh - p^2 b^2}}{q - p}$,

formule par le moyen de laquelle on sçaura combien il faut
incliner la voile, ou combien il faut l'éloigner par en bas
du pied du Mât. Et, ajoutant le quarré de LV avec
celui de VT & prenant la racine quarrée de la somme,
nous verrons après quelques réductions que la hauteur inclinée LT de la voile doit être égale à $\ldots\ldots\ldots$

$$\frac{\sqrt{\overline{q^2 - qp} \times \overline{b^2 - bh} + \frac12 q^2 f^2 - qf\sqrt{\frac14 q^2 f^2 - \overline{q^2 + p^2} \times bh + \overline{pq - p^2} \times b^2}}}{q - p}$$

Ainsi lorsque nous aurons déja déterminé la hauteur b
du Mât, qui est égale à la hauteur de la voile dans la route
directe, & qu'il fera question de régler l'inclinaison de la
voile pour une route oblique proposée ; nous n'aurons qu'à
chercher le *point vélique* n qui convient à cette route, & aussi-tôt que nous aurons trouvé fa hauteur $un = b$ & fa distance
$Vu = f$ au Mât, nous aurons en termes entiérement con-

nus la quantité $VL = \dfrac{-\frac12 qf + \sqrt{\frac14 q^2 f^2 - \overline{q^2 + pq} \times bh + \overline{pq - p^2} \times b^2}}{q - p}$

dont la voile doit être éloignée par en bas du pied du Mât
pour que fa direction ulK paffe par le point vélique ; &

M

Fig. 22.   nous connoîtrons aussi la hauteur LT =

$$\frac{\sqrt{\overline{q^2 - qp} \times \overline{b^2 - bh} + \tfrac{1}{2}q^2 f^2 - qf\sqrt{\tfrac{1}{4}q^2 f^2 - \overline{q^2 + pq} \times bh + \overline{pq - p^2} \times b^2}}}{q - p}$$

qu'on sera obligé de lui donner en même-tems à cause de son inclinaison. Mais pour rendre les formules précédentes beaucoup plus simples, nous n'avons qu'à considérer que comme les quantitez q & p ne sont point absoluës, & qu'elles ne font qu'exprimer le rapport de la hauteur de la voile à la hauteur de son centre d'effort, on peut les supposer de quelle grandeur on voudra, pourvû qu'on n'altere point la raison qui est entr'elles. Or si on fait q égale à la hauteur b du Mât, p sera égale à l'élevation qu'avoit le *point vélique* dans la route directe. Ainsi nommant H cette élevation, nous pourrons substituer b & H, à la place de q & de p, dans les valeurs de VL & de LT. Nous trouverons

$$VL = b \times \frac{-\tfrac{1}{2}f + \sqrt{\tfrac{1}{4}f^2 + \overline{b - H} \times \overline{H - b}}}{b - H}, \quad \& \; LT =$$

$$b \times \frac{\sqrt{\overline{b - H} \times \overline{b - b} + \tfrac{1}{2}f^2 - f\sqrt{\tfrac{1}{4}f^2 + \overline{b - H} \times \overline{H - b}}}}{b - H} \; ; \; \& \; ces$$

formules font effectivement moins compliquées que les précédentes.

CHAPITRE IV.

De la nécessité de donner deux voiles aux Vaisseaux & de la maniére de les disposer.

I.

NOus avons vû au commencement du Chapitre précedent que lorsqu'on ne donne qu'un Mât au Navire, il faut l'arborer dans l'endroit où la direction relative horifontale du choc de l'eau coupe la quille : mais il se présente en cela quelque difficulté. Car lorsque le Navire prend des routes de différentes obliquitez, la direc

tion DV du choc relatif horifontal de l'eau doit changer
de place, & comme cette direction peut rencontrer enfuite la quille en differens endroits, on doit être embaraf-
fé quel point choifir pour la place du Mât. On voudra
peut-être chercher la direction DV pour differens chocs
& prendre enfuite le point de la quille où ces directions
concourent en plus grand nombre : c'eft - là le fentiment
de Monfieur Bernoulli dans fon Effay de Manœuvre ; &
comme il croit que toutes les directions du choc de l'eau
concourent vers le milieu du Navire, il dit qu'il n'y a qu'à
planter le Mât en cet endroit. Mais fi on fuit cette regle,
la Mâture ne fera toujours propre que pour une certaine
route & il ne faudra pas que le Navire fuive une autre
obliquité.

I I.

Pour faire ceffer cet inconvenient, nous tranfporterons
en Z [Figure 22.] à l'extremité de la prouë, la voile LM
que nous nous propofions de mettre en V ; c'eft-à-dire,
que nous mettrons en Z la voile dont nous avons déterminé la hauteur pour la route directe dans la Section précedente. Mais nous mettrons en Y à l'extremité de la poupe une autre voile *LM* de même hauteur que la premiere : & nous ferons enforte que la direction compofée *n*K
de ces deux voiles paffe exactement par le *point vélique*
n. Il eft clair que ces deux voiles agiront enfuite de la même maniére que le feroit une feule qui feroit appliquée
en V & dont *n*K feroit la direction. Mais il y aura cette différence qu'on ne fçauroit fouvent venir à bout avec
une feule voile de faire paffer la direction *n*K par le *point
vélique n* ; au lieu que cela fera toujours facile par le
moyen de nos deux voiles. Si le point vélique fe trouve,
par exemple, plus avancé vers la prouë lorfqu'on change de route, il n'y aura qu'à expofer au vent une plus grande partie de la voile qui eft en Z ; ou bien une plus petite
de celle qui eft en Y ; parce que la direction compofée de

M ij

Fig. 20.

Fig. 22.

Fig. 22. deux puiſſances ſe trouve toujours plus proche de la puiſ-ſance qui fait le plus d'effort. En un mot pour faire enſorte que l'impulſion des deux voiles tombe toujours ſur la ligne nK, il n'y aura qu'à leur donner des étenduës qui ſoient en raiſon réciproque de leurs diſtances au point V. Nous conſerverons toujours la même largeur à la voile LM qui doit être la plus grande, parce qu'elle eſt dans toutes les routes, plus proche de la direction du choc de l'eau; & nous n'aurons donc toujours qu'à faire cette analogie, pour trouver la largeur que doit avoir l'autre voile dans chaque route: YV eſt à ZV comme la largeur de la voi-le LM eſt à la largeur de la voile *LM*.

III.

On pourroit appliquer encore, comme le font les Marins, une troiſiéme voile vers le milieu du Navire & une quatriéme à l'extrémité de la prouë, en inclinant ſon Mât en dehors du Navire: & il n'y auroit toujours qu'à mettre toutes ces voiles en équilibre de part & d'autre de la direction du choc de l'eau, & leur donner une hauteur convenable. Mais cette troiſiéme & cette quatriéme voiles ne feroient que cauſer de l'embarras, & il eſt évident qu'elles feroient ici inutiles, à cauſe de la grande largeur que nous donnons aux deux autres. D'ailleurs nous retirerons de nos deux voiles LM & *LM* tous les avantages qu'on peut ſouhaiter: car comme nous les mettons aux deux extrémitez du Vaiſſeau à une fort grande diſtance de ſon centre de gravité, elles feront très-propres à le faire tourner en toutes ſortes de ſens, & à le faire paſſer d'une route à l'autre; ce qui eſt le principal objet de la Manœuvre. Tant que nous ne toucherons point à ces deux voiles, le Vaiſſeau ſuivra conſtamment la même route, ſans ſe mouvoir par élans, comme le font les Navires dont la Mâture eſt diſpoſée ſelon les régles vulgaires. Mais auſſi-tôt que nous altererons un peu l'équilibre, auſſi-tôt que nous di-

minuërons un peu de l'étenduë de la voile de la prouë, ou
de celle de la poupe, le Navire obéira à l'impreſſion de
l'autre voile, & préſentera ſa prouë plus ou moins vers le
vent, comme on ſe le propoſoit.

Fig. 227

I V.

Il faut remarquer qu'on ne doit pas avoir à préſent la
même facilité à gouverner les Vaiſſeaux : car les Marins
ne font aucune attention à la ſituation de la direction du
choc de l'eau, & ils ne penſent point à rendre les voiles
plus ou moins grandes de part & d'autre de cette direction,
ſelon qu'elles en ſont plus ou moins proche. Ils donnent le
nom de *grande* à la voile qu'ils mettent au milieu du Navire, & ils la font effectivement toujours plus grande d'une
certaine quantité. Cependant comme les Navires ont une
infinité de différentes figures, le point V par lequel paſſe
la direction relative horiſontale du choc de l'eau, ne doit
pas être toujours ſitué de la même façon ; & ce point doit
être encore ſouvent ſujet à changer par l'obliquité des routes. Ainſi c'eſt une faute extrémement ſenſible de faire toujours la voile du milieu plus grande que celle de la prouë,
& de la faire toujours plus grande dans un certain rapport.
C'eſt ce qui eſt cauſe que les Navires n'ont pas une égale
indifférence à ſe mettre dans toutes ſortes de ſituations :
& ils tendent preſque tous à préſenter leur prouë au vent,
parce que les voiles de l'arriére ſont trop grandes par rapport à celles de la prouë, & qu'elles pouſſent la poupe ſous
le vent avec trop de force. Il arrive enſuite qu'on a toutes les peines du monde à contenir les Vaiſſeaux ſur leur
même route, & qu'il faut pour les redreſſer, avoir ſans ceſ-
ſe la main au gouvernail; & c'eſt ce qui retarde beaucoup la
vîteſſe de leur ſillage, parce qu'en même-tems que le
gouvernail les pouſſe de côté, il les pouſſe auſſi vers l'arriere. Mais ce ne ſera plus la même choſe, auſſi-tôt que
nous aurons mis l'équilibre entre nos voiles : car nous

Fig. 22. n'aurons plus fi fouvent befoin du gouvernail ; & les voiles
employeront tout leur effort à faire avancer le Navire.

V.

Voici donc ce qu'il nous faudra obferver dans la Mâture de tous les Vaiffeaux. Nous mettrons deux Mâts verticaux en Z & en Y aux extrémitez de la prouë & de la
poupe : nous leur donnerons une égale hauteur, la hauteur
qu'exige l'élevation du *point vélique* dans la route directe ; & nous appliquerons au premier de ces Mâts la plus
grande de nos voiles, celle qui eft deftinée pour la route
directe & dont nous avons déterminé les dimenfions dans
l'autre Section. Mais pour trouver la largeur de l'autre voile,
nous chercherons les directions DV du choc relatif horifontal de l'eau pour différentes routes, & examinant le
point V le plus avancé vers la poupe où ces directions coupent la quille, nous donnerons à la voile *LM* de la poupe
la largeur néceffaire pour qu'elle foit en équilibre avec
la voile LM de la prouë, autour de ce point V. Nous ré-
glerons enfuite fur cette largeur, la longueur des vergues
de la voile *LM* ; parce que c'eft lorfque le point V eft le
plus avancé vers la poupe que cette voile doit avoir le
plus d'étenduë : &, dans tous les autres cas, nous ne nous
fervirons que d'une partie de fa largeur, que nous déterminerons par l'analogie que nous avons rapportée à la fin
de l'article II. de ce Chapitre. Enfin nous ferons paffer
la direction compofée *n*K des deux voiles LM & *LM* par
le *point vélique n*, en difpofant ces voiles de la même maniére que nous en difpoferions une feule qui feroit appliquée en V. Nous imaginerons pour cela deux points S &
ſ fituez par rapport aux Mâts ZT & Y*T* de la même maniére que le *point vélique n* feroit fitué par rapport au
mât planté en V ; c'eft-à-dire, que nous concevrons ces
deux points à la hauteur *un* au-deffus du Navire & à la
diftance V*u* des deux Mâts : & il ne nous reftera plus en-

fuite qu'à incliner nos voiles ou bien à diminuer leur hauteur, comme nous l'avons expliqué dans le Chapitre précédent, jufqu'à ce que leurs directions particuliéres SX
& fx paffent par ces deux points S & f comme par deux
points véliques. Il eft fenfible que comme les directions
particulieres SX & fx de nos voiles, feront dans le même plan que nK & que leurs efforts particuliers feront en
raifon réciproque de leurs diftances à cette ligne, leur
effort mutuel ou compofé ne pourra pas manquer de tomber fur nK.

V I.

Au furplus, quoiqu'on puiffe fe fervir de cette manière de difpofer les voiles dans tous les Vaiffeaux ordinaires,
on doit cependant fe fouvenir toujours qu'elle n'eft pas entierement parfaite, & que le Navire fera toujours fujet
à s'incliner un peu, parce que l'effort compofé des chocs
du vent & de l'eau qui fe réunit fur la verticale un, eft appliqué au point u, au lieu qu'il devroit être appliqué au
centre de gravité γ de la coupe horifontale du Navire
faite à fleur d'eau, comme nous l'avons prouvé dans le
Chapitre VI. de la premiere Section. Mais fi on fouhaite
que nous donnions une difpofition tout-à-fait parfaite à
la Mâture, nous pourrons en venir à bout avec affez de
facilité, maintenant que nous nous fervons de plufieurs
voiles. C'eft ce qu'on verra dans les deux Chapitres fui-
vans, où nous entreprenons de faire en forte que les Vaiffeaux ne s'inclinent point du tout, dans les routes les
plus obliques.

CHAPITRE V.

Manière de rendre dans toutes sortes de Vaiſſeaux , avec le ſecours de pluſieurs voiles, la Mâture exactement parfaite pour les routes obliques.

I.

JE ſuppoſe toujours,comme cy-devant, qu'on a déja trouvé le centre de gravité G de la coupe horiſontale AXBS [Fig.23.] du Navire faite au raz de la mer, & la direction DH du choc abſolu de l'eau ſur la proüe & ſur le flanc du Navire , avec la direction DL du même choc rapporté au plan horiſontal. On ſçait que l'effort compoſé de ce choc abſolu de l'eau ſur la proüe & du choc du vent ſur les voiles, doit être auſſi exactement vertical lorſqu'il y a trois voiles, ou lorſqu'il y en a deux, que lorſqu'il n'y en a qu'une ſeule : car ſi cet effort compoſé agiſſoit ſur une direction inclinée en avant ou en arriere , ce ſeroit une marque que le choc total du vent pouſſeroit dans le ſens de la route avec plus ou moins de force que le choc de l'eau ſur la proüe dans le ſens contraire , & le Navire au lieu d'avancer avec un mouvement uniforme augmenteroit ou diminueroit ſa viteſſe. La queſtion ſe réduit donc toujours à faire que l'effort compoſé des chocs du vent & de l'eau ait la verticale GT du centre de gravité G pour direction ; parce que cet effort compoſé étant ainſi appliqué au centre de gravité G de la coupe AXBS , il le ſera auſſi ſenſiblement au centre de gravité de la partie non-ſubmergée de la carene , & on ſçait * qu'il n'en faut pas davantage pour que le Navire reſte continuellement de niveau pendant ſa marche.

Fig. 23.

** Voyez les Art. II. & III. du Ch. VI. de la I. Sect.*

II.

Pour faire que l'effort composé des chocs du vent sur les voiles & de l'eau sur la prouë tombe effectivement dans la verticale GT du centre de gravité G, il n'y a qu'à prendre toujours un point C de la direction DH du choc de l'eau pour servir de *point vélique* ; on fera passer par ce point C la direction CI d'une voile qui soit telle que l'impulsion qu'elle recevra selon CI & l'impulsion de l'eau sur la prouë selon DH, se réunissent dans une direction composée CR qui rencontre la verticale GT du centre G en quelque point N : & après cela il ne restera plus qu'à faire passer par ce point N, comme par un *second point vélique*, la direction NK d'une autre voile, de manière que la verticale GT se trouve être la direction composée de cette direction NK, & de CR qui est déja direction composée de CI & de DH. Car de cette sorte la verticale GT sera direction composée de DH, de CI & de NK ; c'est-à-dire, du choc de l'eau sur la prouë & des deux chocs du vent sur les deux voiles ; & par conséquent l'effort composé de ces trois chocs, sera appliqué au centre de gravité G, comme nous nous proposions de le faire.

III.

Il dépendra de nous, de placer comme nous le voudrons la direction CI de la premiere voile, pourvû que le plan PCON qui passe par cette direction & par celle DH du choc de l'eau, puisse déterminer, par sa rencontre avec la verticale GT, le *second point vélique* N. Et si on tire de ce point N, des paralelles NP & NO à l'axe DH du choc de l'eau & à la direction CI du choc du vent sur la premiere voile, on aura un paralellograme PCON, dans lequel prenant l'espace CO sur l'axe DH pour representer l'impulsion de l'eau, la partie CP de la direction CI

N

Fig. 23.
marquera, comme il eſt évident, la grandeur que doit avoir le choc du vent ſur la premiere voile, pour que CN qui eſt la diagonale du paralellograme PCON, puiſſe être la direction compoſée de CI & de DH. Cette direction compoſée CN eſt inclinée vers la poupe, parce que la premiere voile n'eſt pas ſeule aſſez forte pour s'oppoſer à l'impulſion ou à la réſiſtance de l'eau ; mais l'autre voile doit ſuppléer, comme on le ſçait, au défaut de la premiere, & rendre la direction compoſée verticale. C'eſt pourquoi, ſi après avoir prolongé CN juſqu'en R & avoir fait NR égale à CN, on mene par le point R une paralelle RT à la direction NK de la ſeconde voile, & que du point T où cette paralelle rencontre la verticale du centre G, on tire la paralelle TQ à la direction CR, afin d'achever le paralellograme NRTQ, l'eſpace NQ repréſentera la force que doit avoir l'impulſion de la ſeconde voile. NT ſera enſuite l'effort compoſé de l'impulſion du vent ſur les deux voiles, & de l'impulſion de l'eau ſur la prouë, puiſque les impulſions CO de l'eau ſur la prouë & CP du vent ſur la premiere voile ſe réduiſent à la force CN ou NR, & que NT eſt compoſé de NR & de l'impulſion NQ du vent ſur la ſeconde voile. Cet effort NT ſera exactement vertical, comme il faut toujours qu'il le ſoit pour qu'il ne faſſe point perdre au Navire l'uniformité de ſon ſillage : & de plus cet effort ſera appliqué au centre de gravité G de la coupe AXBS, comme il eſt néceſſaire pour que le Navire conſerve ſa ſituation horiſontale. Ainſi quelque peu de diſpoſition qu'ayent les Vaiſſeaux à recevoir une bonne Mâture dans les routes obliques, nous viendrons toujours à bout de leur en donner une parfaite par le moyen de deux voiles. Et on peut remarquer que comme CO, CP & NQ peuvent repréſenter des impulſions plus ou moins grandes, on pourra augmenter l'étenduë des voiles tant qu'on voudra. Cette augmentation ne produira aucun autre effet, ſinon de faire marcher le Vaiſſeau plus vîte, & de le faire ſortir un peu

plus de l'eau ; parce que l'effort composé NT sera plus　Fig. 23.
grand.

IV.

Cette opération deviendra plus simple si on fait les deux
ou trois réflexions suivantes. Comme ON est paralelle à
la direction CI de la premiere voile, le plan vertical qui
passe par ON doit être paralelle à celui qui passe par CI,
& les Sections MG & FE de ces deux plans & de celui de
la coupe AXBS, doivent être aussi paralelles. D'un autre côté, puisque NR doit être égale à CN & que RT est
égale & paralelle à NQ, il s'ensuit que les deux triangles CNQ & NRT sont égaux & situez de la même façon,
& ainsi CQ est vertical de même que NT, & par conséquent le point Q appartient à la verticale EQ du *pre-*
mier point vélique C. Or supposé que la situation de la direction CI de la premiere voile soit donnée, il sera maintenant facile de déterminer tout le reste. On tirera du centre de gravité G, une paralelle GM à FE qui est la direction de la premiere voile, réduite au plan horisontal,
ou qui est la commune Section du plan AXBS & du plan
vertical qui passe par la direction CI. Du point M où
cette paralelle GM rencontre la direction DL du choc
relatif horisontal de l'eau, on élevera une verticale MO
jusqu'à ce qu'elle rencontre la direction DH du choc absolu de l'eau en quelque point O, & menant de ce point
O vers la verticale GT, une ligne ON inclinée à l'horison de la même maniére que CI, cette ligne ON sera
paralelle à CI, & elle determinera sur la verticale GT le
second point vélique N. Desorte qu'il n'y aura plus qu'à
faire passer la direction NK de la seconde voile par le point
N & par quelque point Q de la verticale EQ du premier
point vélique, & la partie interceptée NQ exprimera l'effort que doit faire cette seconde voile pendant que ON
qui est égale & paralelle à CP representera l'effort que
doit faire la premiere.

V.

Il doit être embaraffant dans la pratique d'élever de longues verticales EQ, GT, &c. & de tracer en l'air des lignes comme NO ou NP à une grande hauteur au-deffus du Vaiffeau; mais ce qu'il faut ici remarquer, c'eft qu'on peut réduire la conftruction précédente à un calcul très-aifé. On fçait la diftance perpendiculaire $G\theta$ du centre G à la direction DL du choc relatif horifontal de l'eau. Ainfi dans le triangle rectangle $G\theta M$ on connoît un côté & les trois angles, parce que GM eft paralelle à FE & qu'on fçait l'angle DEZ que fait DL avec cette ligne FZ qui répond exactement fous la direction CI. Il fera donc facile de trouver GM & θM; & fi on ajoûte θM avec $D\theta$ qui eft connuë, puifque la fituation du centre G & des directions DH & DL eft donnée, on aura DM qui fervira dans le triangle rectangle DMO à trouver MO. Conduifant après cela par la penfée $O\omega$ horifontalement & paralellement à MG, on aura un triangle $O\omega N$ dont on connoîtra les angles & un côté : l'angle ω fera droit, & l'angle $NO\omega$ fera égal à l'angle de l'élevation de la direction CI de la premiere voile au-deffus de l'horifon, puifque ON & CI font paralelles; & enfin le côté $O\omega$ fera connu, parce qu'il eft égal à GM que nous avons déja trouvé. Dans ce triangle $O\omega N$, on cherchera ON & ωN : ON qui eft égale à CP repréfentera la force de la premiere voile; & fi on ajoute ωN avec $G\omega$ qui eft égale à MO, il eft fenfible qu'on aura la hauteur requife GN du *fecond point vélique* N.

On imaginera enfin une ligne horifontale $N\psi$ tirée du point N à la verticale EQ. Cette ligne $N\psi$ fera égale à la diftance connuë GE du centre de gravité G au point E qui répond exactement au-deffous du *premier point vélique* C. Et comme l'angle $QN\psi$ que fait la direction NK de la feconde voile avec l'horifon fera connu, parce qu'il dépend

de la fituation qu'on voudra donner à la feconde voile,
il fera facile de trouver dans le triangle rectangle NⅎQ
l'hypotenufe NQ qui exprime la force que doit avoir
cette feconde voile : après quoi il ne reftera donc plus
qu'à étendre & à placer cette voile, de forte que l'impulfion qu'elle recevra foit à l'impulfion que recevra la premiere, comme NQ eft à CP ou à ON.

V I.

Jufqu'ici nous n'avons parlé que de deux voiles ; mais il
en faudra cependant trois dans prefque tous les Vaiffeaux.
Car il en faudra d'abord une dont NK foit la direction &
NQ la force ; & il faudra que cette voile foit appliquée au
centre de gravité G de la coupe AXBS, puifque le *point vé-*
lique N fe trouve toujours dans la verticale GT. Mais
comme la direction DL du choc relatif de l'eau change
de place par les differentes obliquitez de la route, & que
le *fecond point vélique* C ne fe trouve pas toujours dans
le même endroit, il eft clair qu'une feconde voile appliquée en F ne pourroit pas fatisfaire à toutes les différentes fituations que doit avoir la direction CPI. C'eft pourquoi il faudra avoir recours au même expedient que dans
l'article II. du Chapitre précédent : c'eft - à - dire, qu'au
lieu de la voile qui feroit appliquée en F, il faudra en mettre deux autres en V & en Y aux deux extrémitez du
Navire : & on expofera enfuite au vent differentes parties de ces voiles jufqu'à ce que leur effort composé foit
égal à CP, & qu'il tombe exactement fur la direction CPI.
Il faudra pour cela que les impulfions particuliéres que
recevront les deux voiles foient en raifon réciproque
de leur diftance à la ligne CPI, ou qu'elles puiffent être
défignées par FY & FV. Or cela fuppofé, YV reprefen-
tera donc l'effort des deux voiles, effort qui doit être
égal à CP : & par conféquent nous pourrons faire les deux
analogies fuivantes. YV eft à CP comme FY eft à

$\dfrac{\overline{CP} \times \overline{FY}}{YV}$ pour l'effort particulier que doit faire la voile qui est appliquée en V : & YV est à CP comme FV est à $\dfrac{\overline{CP} \times \overline{FV}}{YV}$ pour l'effort de la voile qui est en Y.

CHAPITRE VI.

Autre maniére de rendre la Mâture exactement parfaite, en ne se servant que de deux voiles appliquées aux deux extrémitez de la proüe & de la poupe, comme dans le Chapitre IV.

Comme la maniére précédente de disposer la Mâture suppose que le Navire a trois voiles & qu'il faut encore que celle du milieu soit précisément dans le centre de gravité de la coupe horisontale du Navire faite à fleur d'eau, on ne peut pas s'en servir lorsque le Navire n'a que deux voiles & lorsqu'elles sont appliquées aux extrémitez de la proüe & de la poupe. Mais quoique l'Analyse n'offre que très-peu de voye pour découvrir d'autres maniéres de donner aux voiles une disposition parfaite, la méthode que nous venons d'expliquer n'est pas unique : nous allons en donner une autre qui est fort commode, & dont on pourra se servir dans le cas dont il s'agit, c'est-à-dire, lorsqu'il n'y aura que deux voiles.

L

Fig. 24.   Soit le Navire AB [Fig. 24] dont A est la proüe & B la poupe; G le centre de gravité de la coupe horisontale faite à fleur d'eau; DH la direction de l'impulsion absoluë de l'eau sur la proüe, & DX la direction relative horisontale de cette impulsion. Les deux Mâts sont arborez en V & en Y aux extrémitez de la proüe & de la poupe, & je suppose que la voile de la proüe est placée verticalement de sorte

que fa direction EF fera horifontale & paralelle à DX.
Cette voile fera un effort que je repréfente par EL , & fi
la voile de la poupe agit felon la direction horifontale
CIM paralelle à EF, avec une force IM , qui foit en équilibre avec l'effort EL de l'autre voile de part & d'autre
de la direction DH du choc de l'eau , il eft clair que
la direction compofée NP des efforts EL & IM des deux
voiles , rencontrera DH en quelque point N, & il fe fera
par conféquent en ce point une nouvelle compofition de
forces. NP étant l'effort mutuel des deux voiles , & NQ
repréfentant la force du choc de l'eau fur la prouë, la
diagonale NT du paralellograme PNQT , fera l'effort
compofé du choc de l'eau & de l'impulfion horifontale
des deux voiles , & il eft évident, par la théorie de la premiere Section, que cet effort qui doit être vertical , fera
pancher le Navire , parce qu'il n'eft pas appliqué au centre de gravité G de la coupe horifontale de la carene faite
à fleur d'eau. Mais nous n'avons qu'à prendre fur la direction CM de la voile de la poupe, le point I qui eft précifément de l'autre côté du point N, par rapport à la vertical G ⊙ ; & fi nous faifons enforte que la voile de la
poupe agiffe non-feulement felon l'horifon avec la force
IM ; mais qu'elle agiffe auffi felon le fens vertical avec
la force IR , & que cette force relative foit en équilibre
avec l'effort NT de part & d'autre du centre de gravité
G, il eft évident que l'effort compofé des forces NT &
IR s'exercera exactement fur la verticale G ⊙ , & qu'au-
lieu de tendre à faire incliner le Vaiffeau , il ne travail-
lera plus qu'à l'élever de l'eau par tout également.

I I.

Ainfi , on voit que pendant que la voile de la prouë eft
fituée verticalement, il faut que celle de la poupe foit
inclinée, afin qu'elle puiffe faire effort felon l'horifon &
felon le fens vertical ; & il faut donc que IK qui eft la

Fig. 24 direction composée de IM & de IR & qui est la diagonale du rectangle KMIR, soit la direction de l'effort absolu de cette voile. Au surplus il est sensible qu'en obser-
vant tout ce que nous venons de dire , Z ⊙ sera l'effort
composé du choc de l'eau sur la prouë & de l'impulsion
entiere du vent sur les deux voiles. Car en joignant l'effort EL de la voile de la prouë avec l'effort relatif IM
que la voile de la poupe fait selon l'horison , on a l'effort
NP , & cet effort se composant avec le choc absolu NQ
de l'eau sur la prouë , il en résulte l'effort NT ; effort qui
seroit composé du choc de l'eau & de l'impulsion entiére
du vent , si la voile de la poupe en agissant selon la direction inclinée OIK, ne poussoit pas en haut avec la force
IR en même tems qu'elle pousse selon l'horison avec la force IM. Cependant l'effort NT doit toujours être vertical :
car il n'est formé que de la force relative verticale du choc
de l'eau, après que les forces relatives horisontales de l'eau
& du vent se sont détruites par leur égalité & leur opposition.
Mais enfin, si nous composons l'effort NT avec la force relative verticale IR que nous n'avons point encore jointe avec
les autres, il est clair que nous aurons l'effort composé Z ⊙
du choc NQ de l'eau sur la prouë & des impulsions entieres EL & IK que souffrent les deux voiles ; & cet effort répondra exactement au centre de gravité G , comme
nous le souhaitions , aussi-tôt que les forces IR & NT seront en équilibre de part & d'autre de la verticale GZ.

III.

Pour réduire maintenant toute l'opération au calcul :
nous concevrons des lignes V ϖ & SY tracées exactement
au-dessous des directions EF & OK des deux voiles, sur
la coupe horisontale du Navire faite à fleur d'eau, & nous
connoîtrons la situation de ces lignes, puisqu'elles partent
des pieds V & Y des deux Mâts , & qu'elles sont paralelles à la direction relative horisontale DX du choc de l'eau.

Du

Du point N qui eſt à la même hauteur que EF & CM, nous abaiſſerons par la penſée la verticale NX, & par le point X & le centre de gravité G, nous conduirons la ligne horiſontale *w* S. Il ſera facile de trouver le point N : car dans le triangle rectangle DXN, nous connoîtrons les trois angles, puiſque la ſituation de la direction DH du choc abſolu de l'eau eſt donnée; & nous connoîtrons de plus le côté XN, puiſqu'il eſt égal à la hauteur VF ou *w* E que nous nous propoſons de donner au centre d'effort de la voile de la prouë ou à ſa direction EF. Ainſi nous trouverons aiſément DX; & ſi nous en retranchons DW, il nous reſtera WX: & comme les triangles GWX & GYS ſont ſemblables & que nous connoiſſons GW & GY, nous n'aurons qu'à faire la proportion ſuivante pour découvrir YS, ou la diſtance CI du point I au Mât de la poupe : GW eſt à WX comme GY eſt à YS ou à CI.

Nous prendrons après cela une certaine grandeur à volonté pour repreſenter l'effort EL que fait la voile de la prouë, & comme cet effort doit être en équilibre avec l'effort relatif horiſontal IM de l'autre voile de part & d'autre de la direction du choc de l'eau, nous ferons cette analogie; XS eſt à X *w* ou bien WY eſt à WV comme l'effort abſolu EL de la voile de la prouë ſera à l'effort IM que doit faire l'autre voile ſelon la direction relative horiſontale CM. Nous ajoûterons enſuite IM avec EL pour avoir NP; & dans le triangle rectangle PNT qui eſt ſemblable au triangle DXN, nous chercherons l'effort vertical NT. Enfin connoiſſant NT, il ſera facile de découvrir l'effort IR que doit faire la voile de la poupe ſelon le ſens vertical. Car puiſque les efforts NT & IR doivent ſe réunir, ou ſe compoſer ſur la verticale G ⊕, ils doivent être en raiſon réciproque de leur diſtance à cette verticale; & nous pouvons faire cette analogie; ZI eſt à ZN, ou GS eſt à GX, ou encore GY eſt à GW, comme l'effort NT eſt à l'effort relatif vertical IR. Ainſi nous connoîtrons les efforts relatifs IM & IR que la voile de la pou-

O

pe doit faire selon les deux déterminations horisontale
& verticale, & il ne restera donc plus qu'à composer ces
efforts pour découvrir l'effort absolu IK, & pour trouver
la situation de la direction OIK. Nous sçavons déja la situation du point I par lequel cette direction doit passer ;
car le point I est également élevé au-dessus du Vaisseau
que la direction EF de la voile de la proüe ; & nous avons
trouvé ci - devant la distance de ce point au Mât YC.
C'est pourquoi dans le triangle rectangle IMK dont les
côtez IM & MK sont connus, puisque IM représente l'impulsion relative horisontale, & que MK est égal à IR qui
représente l'impulsion relative verticale, nous n'aurons
qu'à chercher l'effort IK, & l'angle KIM que la direction
OIK de la voile doit faire avec l'horison. Nous pourrions
insister un peu davantage sur tout ceci : mais comme nous
ne doutons point qu'on ne retire les mêmes avantages de
la disposition que nous avons expliquée dans le Chapitre
IV, que d'une disposition de voiles, qui seroit entiérement parfaite, nous ne croyons pas qu'il soit nécessaire
de pousser cette discussion plus loin.

AVERTISSEMENT.

Nous ajoutons encore ici le Chapitre suivant pour la
satisfaction de ceux qui aiment l'exactitude géométrique ;
& nous le mettons ici, parce que nous n'avons pas voulu
distraire cy-devant l'attention du Lecteur. Nous supposons
dans ce Chapitre que les Navires s'élevent considerablement de l'eau, & nous cherchons quelle figure il faut leur
donner, pour que la verticale sur laquelle les impulsions
du vent & de l'eau se joignent, réponde exactement dans
la route directe au centre de gravité de toutes les parties
supposées sensibles de la carene, qui s'élevent de la mer.
Nous pouvions résoudre ce Problême par le calcul intégral ; mais nous avons tâché de le rapporter au simple
calcul différentiel, afin de n'être jamais arrêté par des expressions trop difficiles à intégrer.

CHAPITRE VII.

La figure de la prouë étant donnée, construire le reste de la carene de maniére que les Vaisseaux soient géométriquement bien Mâtez dans la route directe, pour toute sorte de vents, & pour le vent même dont la vîtesse seroit infinie.

I.

QUe la figure AE de la prouë soit donnée avec la hauteur du centre d'effort I de la voile qu'on suppose placée verticalement. Il s'agit de trouver la figure que doit avoir la carene AEB par l'extrémité de la poupe, pour que la direction composée VT des chocs du vent & de l'eau, passe toujours exactement (& non pas sensiblement ni dans le seul cas où l'élévation de la carene hors de l'eau est infiniment petite) par le centre de gravité y de la partie APQB de la carene qui est soutenuë hors de l'eau. De sorte que si l'impulsion du vent est plus grande ou plus petite, & le Navire tiré en l'air avec plus ou moins de force, il faudra que la verticale ut qui résulte de la direction NK de la voile & de celle dh de l'impulsion de l'eau sur la partie pE de la prouë qui sera alors submergée, passe encore exactement par le centre de gravité g de la partie ApqB de la carene qui sera hors de l'eau. Alors le Navire conservera toujours sa situation horisontale : & il y aura cette différence entre la disposition qu'aura le Vaisseau & celle que nous lui donnions dans l'article V. du Chapitre VI. de la Section précédente, que la Mâture sera icy géométriquement bonne ; au lieu que là elle ne l'étoit que sensiblement, parce que la verticale VT ne passoit qu'à peu près par le centre de gravité des parties sensibles de la carene qui étoient hors de l'eau.

Fig. 25.

O ij

II.

Je confidére en premier lieu , que puifque la verticale
ou la direction VT des chocs du vent & de l'eau, doit
toujours paſſer par le centre de gravité de la partie de la
carene qui eſt hors de l'eau, il ſera facile de trouver en quel
endroit de la longueur du Navire, doit répondre le centre de
gravité de chaque partie de la carene. Car ſi on nous pro-
poſe, par exemple, la partie Aq, il n'y aura qu'à l'imaginer
hors de l'eau; chercher l'axe dh de l'impulſion de l'eau ſur la
partie ſubmergée pE de la prouë, & par l'interſection n de
l'axe dh & de la direction IK de la voile , on conduira la
verticale tu ſur laquelle doit être ſitué néceſſairement le
centre de gravité g de la partie ApqB , ſans qu'il ſoit libre de le placer plus vers la prouë ou plus vers la poupe.
Si nous déſignons par h la hauteur VN qu'on veut donner au centre d'effort I de la voile , & ſi nous formons la
prouë de notre Vaiſſeau , comme celle des chalans par un
plan incliné, par tout d'une même largeur $=e$, dont la longueur AE ſoit égale à a; l'élancement ou la ſaillie EL$=b$; la
hauteur LA$=c$, & les parties variables EP de l'étrave enfon-
cées dans l'eau, égales à x. L'impulſion faite ſur la prouë ſe
réduira au milieu D de la partie EP$=x$ enfoncée dans l'eau
& agira perpendiculairement à la prouë ſelon DH comme nous l'avons fait voir *. Cette direction DH rencontrera en N la direction IK de la voile ; & ſi on fait paſſer
par le point N la verticale TV , elle montrera, ſelon nos
principes, en quel endroit de la largeur du Vaiſſeau doit
répondre le centre de gravité γ de la partie AQ de la carene qui eſt hors de l'eau. Cela fait que nous pouvons exprimer par lettres la ſituation du centre γ. Car les triangles ALE , XDA , XVN, ſont ſemblables & ont parcon-
ſéquent leurs côtez proportionels : LE$=b$ | AE$=a$ ‖

$$AD = AE - ED = a - \tfrac{1}{2}x \mid AX = \frac{a^2 - \tfrac{1}{2}ax}{b}, \ \& \ LE = b$$

¶ $LA = c \parallel NV = b \mid XV = \frac{cb}{b}$. Mais ajoutant AX Fig. 25.
trouvée par la premiere proportion avec XV trouvée par
la seconde, nous aurons $\frac{a^2 + cb - \frac{1}{2}ax}{b}$ pour VA, ou pour
la distance de la ligne AL au centre de gravité y de la partie AQ de la carene qui est hors de l'eau.

III.

Je vois en second lieu qu'il n'importe à cause de l'indé-
termination du Problême, quelle figure ni quelle solidité
on donne à chaque partie de la carene, pourvû que son
centre de gravité soit bien situé dans la verticale. C'est
pourquoi concevant la carene divisée en une infinité de
tranches horisontales de même épaisseur, qui lui serviront
d'élemens, nous pouvons feindre quelle proportion nous
voudrons entre toutes ces tranches. Mais cette proportion
telle qu'elle soit, déterminera le raport des differentes parties de la carene, & on pourra même, par le moyen du calcul différentiel, comparer une partie sensible AQ de la
carene, avec une partie insensible, un élement, ou une
tranche comme Pq dont l'épaisseur est infiniment petite.
Nous nous déterminerons, par exemple, pour éviter
la longueur du calcul, à faire les tranches ou coupes horisontales de la carene de même étenduë, & égales au rectangle connu el de la grandeur constante l par la largeur e
de la prouë. Il n'y aura qu'à chercher la hauteur ou l'é-
paisseur PZ de la partie AQ, par cette proportion ; AE
$= a \mid AL = c \parallel AP = a - x \mid PZ = \frac{ac - cx}{a}$ & multipliant
l'étenduë el de toutes les tranches égales entr'elles, par
$PZ = \frac{ac - cx}{a}$ qui en représente la multitude, nous trouverons $\frac{acel - celx}{a}$ pour la solidité de la partie AQ de la carene qui est hors de l'eau. Or comme cette solidité con-

vient à toutes les autres parties AQ, il est évident que
si nous en prenons la différence $-\frac{ccldx}{a}$, elle marquera la
solidité de l'élément ou de la tranche Pq, qui répond à
la partie infinimentpetite $Pp = dx$ différentielle de PE
$= x$.

IV.

Ces choses supposées, nous pourrons assigner la place
du centre de gravité F de toutes les tranches ou coupes
horisontales Pq de la carene. Car si nous prenons le Navire en deux élevations hors de l'eau, différentes l'une de
l'autre de la tranche même proposée Pq, dont l'épaisseur
est infiniment petite: & si nous cherchons les verticales VT
ut dans lesquelles se doivent trouver les centres de gravité γ & g des parties AQ, Aq de la carene qui sont hors
de l'eau dans les deux élévations, nous n'aurons qu'à faire cette simple analogie: La tranche Pq est à la partie AQ
de la carene; ainsi la distance γs des deux verticales VT,
ut sera à la quantité MF dont le centre de gravité requis
F de la tranche Pq est plus avancé vers la poupe que le centre g de la partie Aq: & en voici la raison. AQ & Pq
doivent être en équilibre autour du centre de gravité g;
puisque AQ & Pq forment ensemble le solide Aq dont
g est le centre de gravité. Or l'équilibre ne peut pas sub-
sister, à moins que AQ & Pq ne soient en raison réciproque de la distance de leur centre de gravité γ & F au centre g autour duquel se fait l'équilibre. Ainsi il faut que
la tranche Pq soit à la partie AQ de la carene, comme
γg est à Fg: mais mettant à la place de la raison de γg
à Fg, celle de γs à MF qui lui est egale à cause de la
ressemblance des triangles $\gamma s g$, FMg, nous trouverons
notre analogie: la tranche Pq est à la partie AQ de la carene, comme γs est à MF, qui détermine le centre de
gravité requis F de la tranche Pq.

Nous nous imaginons donc que le vent augmente d'une quantité infenfible, & qu'agiffant fur la voile avec un peu plus de force de même que l'eau fur la prouë, c'eft la partie Aq de la carene qui eft foutenuë hors de l'eau, au lieu de la partie AQ; de forte que x ne repréfente plus EP, mais Ep qui en différe de la quantité infiniment petite $Pp = dx$; & $\frac{a^2 + ch - \frac{1}{2}ax}{b}$ exprimera maintenant Au, ou la diftance de la ligne AL au centre de gravité g de la partie Aq. Si après cela nous prenons la differentielle $-\frac{adx}{2b}$ de $\frac{a^2 + ch - \frac{1}{2}ax}{b}$, il eft évident que nous trouverons l'intervale Vu ou ys, compris entre les deux verticales TV, tu; ou, ce qui revient à la même chofe, nous trouverons la petite quantité ys dont le centre g eft plus avancé vers l'arriére du Vaiffeau que le centre γ. Ainfi il ne nous manque plus rien pour faire la proportion indiquée cy-deffus. La tranche ou l'élement $Pq = -\frac{celdx}{a}$ eft à la partie $AQ = \frac{acel - celx}{a}$ comme $ys = -\frac{adx}{2b}$ eft à MF, qui eft par conféquent égale à $\frac{a^2 - ax}{2b}$. Et ajoutant cette valeur de MF à Au ou à la diftance $\frac{a^2 + ch - \frac{1}{2}ax}{b}$ des centres γ & g à la ligne AL, nous aurons $\frac{3a^2 + 2ch - 2ax}{2b}$ pour la diftance FR du centre de gravité F de la tranche Pq à la ligne AL; de laquelle diftance retranchant PR qu'on trouve égale à $\frac{ba - bx}{a}$ par cette proportion $AE = a \mid LE = b \parallel PA = a - x \mid PR$, il viendra $\frac{3a^3 + 2ach - 2ab^2 + 2b^2x - 2a^2x}{2ab}$ pour la diftance PF de la prouë au centre de gravité F de la tranche Pq.

V.

Or l'expression $\dfrac{3a^3 + 2ach - 2ab^2 + 2b^2x - 2a^2x}{2ab}$ est générale pour la distance de la prouë au centre de gravité F de toutes les tranches horisontales comme Pq, dont on peut concevoir que la carène est formée : ainsi, il sera facile à ceux qui entendent les lieux géométriques, de reconnoître la ligne droite ou courbe dans laquelle se trouvent les centres de gravité F de toutes les tranches de la carène. Il n'y aura plus ensuite qu'à regler la figure de ces tranches, sur l'étenduë el qu'elles doivent avoir, & sur l'endroit F où doit être situé leur centre de gravité. Cela ne renfermera aucune difficulté ; car puisqu'il y a une infinité de superficies dont l'étenduë est égale à el, il n'y a qu'à choisir pour tranches de la carène, celles dont le centre de gravité peut convenir à la distance $\dfrac{3a^3 + 2ach - 2ab^2 + 2b^2x - 2a^2x}{2ab}$ de la prouë. On se conduira dans cette recherche d'une infinité de maniéres : selon les voyes que l'on prendra, les carenes se trouveront très-différentes, quoiqu'elles ayent toutes la même propriété de faire que le Navire reste constamment de niveau.

VI.

Si on veut, par exemple, que toutes les tranches ayent la figure d'un pentagone irrégulier formé par un rectangle & un triangle isocelle, il n'y aura qu'à tracer [Fig. 26.] le paralellograme rectangle 1221 égal à l'étenduë connuë el de la tranche ; on lui donnera pour largeur 11 celle e qu'a le Vaisseau par la prouë, & l pour sa longueur 12 ; & faisant ensuite les parties Y2, y2 égales à CQ ou Cq de part & d'autre de 22, & joignant les points Q & Y ou q & y par des lignes droites, on aura une infinité de pentagones

tagones irréguliers comme 1YQY1, ou 1yqy1 qui feront tous de même étenduë que le rectangle 1221 $= el$. De forte qu'il ne reftera plus qu'à chercher entre ces pentagones, ceux comme 1YQY1 qui ont leur centre de gravité F placé à la diftance PF découverte par les articles précédens.

Nous appellerons pour cela z le côté 1Y & nous trouverons (par les méthodes ordinaires de la Statique) que le centre de gravité F du pentagone 1YQY1 eft éloigné du côté 11 de la diftance $FP = \frac{4l^2 - 2lz + z^2}{6l}$. Et comme cette diftance doit être égale icy à $\frac{3a^3 + 2ach - 2ab^2 + 2b^2x - 2a^2x}{2ab}$ pour que le pentagone puiffe fervir de tranche à la carene, nous aurons l'équation $\frac{4l^2 - 2lz + z^2}{6l}$ $\frac{3a^3 + 2ach - 2ab^2 + 2b^2x - 2a^2x}{2ab}$ dans laquelle $z = l - \sqrt{\frac{9a^3l + 6achl - 6ab^2l + 6b^2lx - 6a^2lx + abl^2}{3ab}}$; de forte que mettant à la place de x les parties EP de l'étrave que cette lettre repréfente, nous trouverons, en grandeurs entiérement connuës, les valeurs de $z = 1Y$ pour chacune tranche, & il n'y aura qu'à fe fouvenir de donner la même largeur e à chaque de ces tranches fur toute cette longueur $1Y = l - \sqrt{\frac{9a^3l + 6acol - 6ab^2l + 6b^2lx - 6a^2lx + abl^2}{3ab}}$, & puis de les faire toutes fe terminer en poînte au point Q, autant au-delà de la ligne 22 que les points Y font en-deçà: de maniére que la diftance PQ de la prouë à l'extrémité Q de chaque pentagone, ou ce qui eft la même chofe, la longueur QP de chaque tranche horifontale de la carene fera $l + \sqrt{\frac{9a^3l + 6ach - 6ab^2l + 6b^2lx - 6a^2lx + abl^2}{3ab}}$. La figure de la carene étant ainfi déterminée, il fera facile d'en reconnoître les propriétez; comme, par exemple, que toutes les extrémitez Q, de même que les angles Y, Y forment la circonférence d'une premiere parabole dont l'axe eft paralelle à l'étrave EA, &c.

VII.

Mais il vaudroit mieux fe fervir de lignes courbes d'un feul trait, pour terminer les tranches de la carene, que d'y employer des lignes droites, qui forment des inflexions & des angles fur la fuperficie du Vaiffeau. Je crois qu'on pourroit prendre pour cela toutes fortes de lignes courbes, pourvû qu'on en connût la quadrature, & on feroit varier les dimenfions des abfciffes & des ordonnées ; ou, ce qui eft la même chofe, on feroit changer le genre de ces courbes, jufqu'à ce qu'elles euffent l'étenduë qu'on a attribué aux tranches, & que leur centre de gravité fût fitué à la véritable diftance de la prouë. Comme il n'y aura dans toutes ces recherches que la longueur du calcul de pénible & de difficile, il n'eft pas néceffaire d'en parler davantage.

VIII.

Quoiqu'il en foit, de la figure qu'on donnera aux tranches, il eft certain qu'en fuivant les proportions indiquées par notre calcul, la verticale VT fur laquelle fe fait reffentir l'effort compofé des chocs de l'eau & du vent, paffera toujours par le centre de gravité de la partie de la carene qui fera hors de l'eau ; & ainfi nous devons nous attendre à voir notre Navire conferver toujours fa fituation horifontale. Les Vaiffeaux mâtez felon les maximes du fixiéme Chapitre de l'autre Section, font bien difpofez lorfque la carene ne s'éleve de l'eau que d'une quantité infenfible, comme cela doit toujours arriver, parce que la vîteffe du vent ne devient jamais affez grande : ils font, outre cela, bien difpofez, autant que la perfection de la Mâture dépend de la hauteur des Mâts. Mais icy on acheve de donner aux Vaiffeaux ce qui leur manquoit pour avoir une Mâture entiérement parfaite dans la spéculation même: & c'est pour cela qu'on regle la figure de leur carene sur celle de leur proue, parce que la bonne Mâture dépend dans la rigueur, non-seulement de la hauteur des Mâts, mais encore de la figure de la carene. Qu'on donne maintenant toute l'étenduë possible à nos voiles, & que le vent augmente sa vîtesse jusqu'à parcourir, si on le veut, 10000 toises par seconde, la carene sortira presque toute de l'eau, & il n'y aura qu'une très-petite partie de la proue qui recevra l'impulsion. Cependant c'est cette impulsion qui sera fort grande à cause de la vîtesse du sillage, qui soutiendra presque toute la pesanteur du Navire, en se composant sur la verticale VT avec l'impulsion du vent. Mais comme l'effort composé est appliqué, selon notre construction, au centre de gravité de la partie de la carene qui est hors de l'eau, il sera encore en équilibre avec la poussée verticale de l'eau, & par conséquent le Navire ne s'inclinera pas seulement de la plus petite quantité.

C O N C L U S I O N.

Enfin nous pouvons maintenant terminer ce discours, puisque nous avons satisfait à la plûpart des Problêmes qu'on peut proposer sur la Mâture des Vaisseaux. On peut demander quelle doit être la hauteur des Mâts, le nombre qu'il est à propos d'en donner à chaque Navire & les endroits où on doit les appliquer. Or nous avons rapporté dans la premiere Section les moyens de déterminer la hauteur de la Mâture. Nous avons fait voir que tout consiste à bien placer le centre d'effort de la voile, & que c'est à peu près un égal deffaut, de le mettre un peu trop haut ou un peu trop bas. C'est ce que les Marins n'ont pas reconnu; car ils ne font point difficulté de changer la hauteur de leurs voiles, sans se mettre en peine de l'endroit où se trouve ensuite le centre d'effort: Au lieu qu'il paroît clairement par notre théorie que, lorsqu'on suit tou-

jours la même route & qu'on veut changer l'étenduë des
voiles , il faut ne le faire qu'en augmentant ou en
diminuant leur largeur , afin que leur centre d'effort reste
toujours précisément dans le même point. D'ailleurs les
Marins ne réglent toutes les dimensions de leur Mâture
que sur la seule largeur & la seule profondeur du Navire ,
sans faire réflexion que les Vaisseaux ont une infinité de
différentes figures , & qu'ils doivent avoir par conséquent
des Mâtures très-différentes , quoiqu'ils ayent même largeur & même profondeur. Après cela il n'est pas surpre-
nant si la plûpart des Vaisseaux ne paroissent pas *bons voiliers* , & si, pour parler comme les Marins, ils se trouvent *lourds à la lame :* mais ce qu'il y a de particulier ,
c'est que les Marins s'imaginent que cela n'arrive que
parce que ces Vaisseaux ne sont pas propres à recevoir une
bonne Mâture ; de sorte qu'ils attribuënt à la figure de ces
Navires ce qu'ils ne devroient attribuer qu'au deffaut de
leurs propres regles. Pour nous, comme nous serons at-
tentifs à faire répondre le centre d'effort de la voile au
point vélique , ou au point de concours de la direction du
choc de l'eau sur la prouë & de la verticale du centre de
gravité de la première tranche de la carene, nous donnerons toujours à chaque Navire la Mâture qui conviendra à la figure particulière de sa prouë : & il est certain
que tous les Vaisseaux seront ensuite *bons voiliers* &
qu'ils seront *legers à la lame ;* puisque dans les rencontres
où les impulsions du vent & de l'eau se trouveront plus
grandes , ils conserveront toujours leur situation horisontale & ne feront que s'élever de l'eau par tout également.

C'est en considérant le Vaisseau dans la route directe
que nous avons déterminé la hauteur de sa Mâture, parce
que c'est dans cette route que le *point vélique* a le plus de
hauteur, & que la voile doit avoir le plus d'élévation.
Mais il nous a fallu examiner les Vaisseaux dans le cours
des routes obliques, pour reconnoître le nombre des Mâts
qu'il est à propos de leur donner & les endroits où on doit

les appliquer. C'est ce que nous avons fait dans la seconde
Section, où nous avons montré qu'il faut plusieurs voiles,
non - seulement pour pouvoir faire tourner aisément le
Vaisseau en toutes sortes de sens, mais aussi pour pouvoir
le faire suivre constamment toutes sortes de routes ; parce qu'en donnant à quelqu'une de ses voiles plus ou moins
de part dans l'impulsion du vent, on peut donner quelle
situation on veut à leur direction composée. Cependant le
nombre des voiles n'est pas entiérement déterminé. Car
lorsqu'on considére la construction du Chapitre V. de la
seconde Section, il semble qu'il est nécessaire d'en donner trois à chaque Navire, & qu'il faut même les placer
à peu près comme le font actuellement les Marins, qui
mettent *leur grand Mât* au milieu de la longueur du
Vaisseau, & les Mâts de *Misaine* & d'*Artimon* aux extrémitez de la proue & de la poupe. Mais on reconnoît avec
un peu plus d'attention qu'on peut donner à la Mâture
plusieurs autres dispositions entiérement parfaites & qu'on
peut même en venir à bout en ne se servant que de deux
voiles, appliquées aux deux extrémitez du Navire. Or
nous nous sommes bornez à ce nombre de deux, dans le
dessein de rendre la Manœuvre plus facile, & afin de faire aussi que nos voiles, qui doivent avoir une grande largeur, n'empêchent pas l'effet l'une de l'autre.

On disposera ces voiles comme dans le Chapitre IV.
ou comme dans le Chapitre VI. Et ces deux différentes
dispositions nous procureront à peu près les mêmes avantages. Nous naviguerons toujours avec une parfaite sûreté, nous le ferons avec beaucoup de vîtesse, & nous sui-
vrons constamment la même route, sans être sujets à ces
élans incommodes qui obligent les Marins à se servir continuellement du gouvernail. C'est que nous ferons toujours
répondre la direction composée de nos voiles au-dessus de
la direction du choc de l'eau ; ou, ce qui est la même chose, nous mettrons toujours un parfait équilibre entre nos
voiles : Au lieu que si l'équilibre se trouve entre les voiles

difposées felon les régles vulgaires, ce ne peut être que par
un extrême hazard, puifqu'on n'examine point la figure
des Vaiffeaux & que fans penfer à la fituation particuliére de la direction du choc de l'eau, on met toujours un
certain rapport entre la grandeur des voiles, & qu'on ne
change point ce rapport toutes les fois qu'on fuit quelqu'-
autre route. Il eft certain auffi, que nous finglerons avec
une extréme vîteffe : car comme nous n'avons rien à craindre de la plus grande violence du vent, nous ferons nos
voiles beaucoup plus grandes que les ordinaires. Et quand
même nous ne leur donnerions que la même étenduë,
elles nous feroient encore fingler beaucoup plus vîte,
parce que nous aurons l'avantage de les porter toujours
toutes hautes : ce qu'on ne peut pas faire dans les Navires
ordinaires ; où il arrive encore que la prouë en fe plon-
geant dans la mer, trouve beaucoup plus de réfiftance à
fendre l'eau, & que cette plus grande réfiftance retarde
confidérablement la promptitude du fillage. Nous avons
même des exemples de Vaiffeaux, qui vont moins vîte
lorfqu'on augmente trop l'étenduë de leurs voiles, ou
lorfque le vent devient trop rapide ; parce que la réfiftance
qu'ils trouvent à fendre l'eau augmente plus à proportion
par l'enfoncement de leur prouë, que l'effort des voiles
n'augmente par leur plus grande furface, ou par la plus
grande vîteffe du vent.

Tout ce qu'on pourroit nous objecter, c'eft que nos régles font difficiles & compliquées : Mais on ne nous fera pas
fans doute cette objection, fi on confidére la grande importance du fujet. La difficulté de nos regles vient du fond
même de la matiére que nous traitons. Il faut mettre l'ordre ou l'équilibre entre un grand nombre de différentes
puiffances : c'eft ce qu'on ne peut pas faire par la fimple
pratique, ou en n'employant qu'une mefure groffiére de la
feule largeur ou de la feule profondeur du Navire : on eft
obligé d'entrer dans une difcuffion pénible ; mais quel travail ne doit-on pas auffi entreprendre, lorfqu'il s'agit de ren-

dre la Navigation non-feulement très-prompte, mais de la rendre auffi parfaitement sûre ? Tous les jours nous nous donnons beaucoup plus de peine , pour fatisfaire notre fimple curiofité ou pour aquerir les plus legers avantages. D'ailleurs, lorfqu'on aura une fois déterminé pour un Vaiffeau , la difpofition des voiles pour toutes les routes, & qu'on aura fait une Table de ces difpofitions ; cette Table fervira pour tous les voyages , & on n'aura plus qu'à la confulter. Enfin, quand même nous nous contenterions de régler les dimenfions de la Mâture , & fon application fur le pont, & que nous abandonnerions la difpofition particuliére des voiles dans les routes obliques , à la conduite & à la prudence des Marins , après leur avoir donné quelques connoiffances de nos principes , il eft certain qu'ils retireroient toujours de grandes utilitez de notre théorie. Ils n'ont pas réuffi jufqu'icy à faire enforte que leurs Vaiffeaux fuivent toujours uniformément la même ligne, & confervent conftamment leur fituation horifontale ; parce que conduits par une pratique aveugle & dénuée de toute fpéculation , ils fe font laiffez prévenir contre la poffibilité du fuccès ; & leur Mâture étoit auffi dans une difpofition trop éloignée de celle qui convient à chaque route. Mais ce ne fera fans doute plus la même chofe, lorfque nous aurons réglé les dimenfions de leurs voiles & qu'ils auront quelque idée de notre théorie : ils connoîtront enfuite bien mieux les caufes de tous les mouvemens du Vaiffeau & de fes balancemens & inclinaifons ; ce qui les mettra en état de prévenir plufieurs accidens : ils prévoyeront bien mieux l'effet de chaque manœuvre particuliére ; & ils feront enfin toujours dirigez par nos maximes , quoiqu'ils n'entreprennent pas de les fuivre dans la derniere rigueur.

F I N.

ADDITIONS.

IL y a lieu de croire qu'on ne trouvera de difficulté à
obſerver nos maximes de Mâture, que parce qu'il eſt
néceſſaire de chercher l'axe de l'impulſion de l'eau ſur la
prouë, & que cette recherche demande un calcul aſſez pe-
nible. Comme la ſurface de la prouë eſt courbe dans tous
les ſens, on eſt obligé pour la reduire en parties planes, de
la diviſer en des parties infiniment petites du ſecond genre, & lorſqu'on a trouvé le choc de l'eau ſur une de ces petites parties, il faut intégrer deux fois ce choc ou cette
impreſſion élementaire, avant de pouvoir découvrir l'impulſion totale, que ſouffre toute la prouë. Il eſt vrai que
les formules que nous avons données dans le Chapitre VII.
de la premiere Section de l'écrit précedent, renferment déja une intégration, & qu'il n'en reſte plus par conſéquent,
qu'une ſeconde à faire ; mais cette ſeconde peut avoir encore ſes difficultez, & il ſeroit à ſouhaiter qu'on pût toujours déterminer, avec moins de peine, la ſituation de l'axe
de l'impulſion. Ce que nous nous propoſions auſſi principalement dans l'écrit précedent, c'étoit d'établir notre
théorie & de montrer combien il eſt néceſſaire de s'y con-
former, pour pouvoir naviger avec vîteſſe & avec une
parfaite ſûreté. Mais puiſque cette théorie a eu le bon-
heur de mériter le ſuffrage de l'Académie Royale des
Sciences, & qu'elle a reçû par l'approbation de ce célebre
Corps, tout le poids qu'elle pouvoit jamais acquerir, nous
allons tâcher d'expliquer maintenant des moyens plus ſimples, de la réduire en pratique.

CHAP.

CHAPITRE I.

Méthode de trouver par l'experience le centre de gravité de la premiere tranche de la carene , & de découvrir la direction de l'impulsion de l'eau sur la prouë.

DEux choses sont nécessaires , comme nous l'avons fait voir , pour pouvoir découvrir le *point vélique :* il faut connoître la verticale du centre de gravité de la coupe horisontale du navire faite à fleur d'eau , & la direction de l'impulsion de l'eau sur la prouë : ce sont là comme deux *lieux* qui déterminent par leur interfection le point que nous cherchons. Quánt à la premiere de ces deux lignes , il est toujours facile de la tracer ; car nous avons plusieurs méthodes de trouver le centre de gravité des surfaces , & on sçait qu'il est même très-facile d'en venir à bout par l'experience. On n'a en effet qu'à prendre un morceau de planche qui soit partout de même épaisseur , & qui soit le plus homogene qu'il sera possible ; on lui donnera la même figure qu'à la coupe horisontale du Navire faite à fleur d'eau , & si on le suspend à un clou avec une ficelle & qu'on lui laisse prendre la situation naturelle , on n'aura qu'à faire descendre du point de suspension un fil à plomb , & ce fil marquera sur le grand diametre de la planche le centre de gravité. Mais puisque la figure est la même que celle de la coupe horisontale du Navire faite à fleur d'eau , ce sera assez de remarquer en quel endroit de la longueur de la planche se trouve son centre de gravité , & on sçaura où est situé celui de la coupe horisontale du Navire.

Il n'y aura aussi guéres plus de difficulté à trouver l'axe de l'impulsion de l'eau sur la prouë. Car il est facile de faire avec une piece de bois une petite prouë BACE [Fig. 1. Plan. 5.] semblable à celle du Vaisseau ; on n'a qu'à mesurer les largeurs du Navire en un grand nombre d'en-

Q

droits, & en donner de femblables à la piéce de bois, en prenant au lieu de pieds, de petits efpaces de la grandeur d'un demi pouce, ou d'un tiers de pouce. On chargera enfuite la petite prouë de forte qu'elle enfonce dans l'eau précisément de la même maniére que la grande, & fi on la fait avancer en la pouffant avec une verge DH, qu'on ap- pliquera en differens endroits D, jufqu'à ce que fon mou- vement foit bien uniforme & bien horifontal, la verge DH marquera par fa fituation l'axe de la réfiftance ou de l'im- pulfion abfoluë de l'eau. C'eft ce qui eft tout-à-fait fenfible; car le mouvement de la petite prouë ne peut être unifor- me ni horifontal, à moins que la réfiftance de l'eau ne fe trouve exactement détruite par l'effort de la verge, & on fçait que cette deftruction de forces ne fe peut faire, que lorfqu'elles font précisément contraires. Si on veut exe- cuter la même chofe d'une maniére encore plus fimple, on n'a quà faire l'experience dans un endroit où l'eau a du mouvement. On foutiendra la petite prouë contre le choc de ce fluide avec la verge DH, qui aura un genou en K, & qui pourra fe plier facilement en ce point; & auffi-tôt que le tout confervera conftamment le même état, fans que la petite prouë foit fujette à tourner, & fans que la verge fléchiffe par fon genou; ce fera une marque que cette verge fera directement oppofée à l'impulfion abfoluë de l'eau. Ainfi il fuffira, pour avoir l'axe de cette impul- fion, d'obferver fimplement la fituation de la verge.

On pourra faire la même chofe pour toutes les routes obliques, en difpofant diverfement la petite prouë par rap- port au cours de l'eau : il eft même clair que fi on mar- quoit le point γ qui reprefente le centre de gravité de la coupe horifontale du Navire faite au raz de la mer, il feroit tout-à-fait aisé de déterminer immediatement le point vélique. Il n'y auroit pour cela qu'à concevoir la ver- ticale γT; & mefurer à quelle hauteur cette ligne & la verge DH fe rencontrent dans la route directe, ou à quel- le hauteur ces deux lignes paffent l'une auprès de l'autre dans les routes obliques. Enfin rien n'empêchera de prendre toujours toutes les mesures dont on aura besoin pour regler la disposition des Mâts & des voiles: de sorte qu'on peut dire que quoique cette méthode ne soit que mécanique, elle ne laisse pas d'être préférable à presque toutes les autres ; d'autant-plus qu'elle ne dépend de la certitude d'aucun sistême particulier, sur les loix que les fluides observent dans leur choc. Cependant comme plusieurs personnes ne voudront peut-être pas s'en contenter, & qu'elles ne voudront pas aussi s'engager dans les calculs pénibles qu'exigent les méthodes absolument géométriques, nous proposerons encore ici en leur faveur quelqu'autres moyens : & nous commencerons par expliquer une maniére très-simple de trouver le centre de gravité de la coupe horifontale du Navire faite à fleur d'eau.

CHAPITRE II.

Trouver le centre de gravité de la coupe horifontale du Navire faite à fleur d'eau , & de toutes les autres surfaces planes, en les divisant en plusieurs parties.

IL est très - ordinaire de chercher le centre de gravité G des surfaces planes irréguliéres, comme AEMNIB, [Fig. 2. Plan. 5.] en les séparant en plusieurs figures recti-lignes , qui soient faciles à mesurer, & dont on connoisse le centre de gravité. On multiplie l'étenduë de ces parties , par la distance de leur centre de gravité à l'extrémité P de la surface ; & faisant une somme de tous les produits, on la divise par l'étenduë entiere de la surface , & le quotient marque la distance PG de l'extremité P au centre de gravité P. Cette opération est fondée sur ce grand principe de Statique , que la somme des momens de plusieurs puissances est égale au produit de toutes ces puissances par la distance de leur centre d'effort commun au point fixe. De

Fig. 2.
Plan. 5.

Q ij

forte que l'extrémité P fert icy de point fixe ; toutes les parties dans lefquelles on partage la furface AEMNIB repréfentent les poids ou les puiffances ; & lorfqu'on ajoute enfemble les momens de toutes ces parties, on trouve le moment total de la furface AN ; moment qui eft égal au produit de cette furface entiere par la diftance PG de fon centre de gravité G au point fixe P : & ainfi il n'y a qu'à divifer ce moment par l'étenduë de la furface, & on a PG. On peut par cette voye trouver le centre de gravité des figures planes avec toute l'exactitude qu'on veut : car rien n'empêche de partager les furfaces en un plus grand nombre de parties, afin que les portions AC , CE, EH , &c. de leur circuit approchent davantage d'être des lignes droites.

Mais cette méthode deviendroit extrémement longue , fi la divifion en plufieurs parties ne fe faifoit pas avec choix. Pour abreger tout-à-fait confidérablement, il faut partager la furface en trapezes , comme ABDC , CDFE , &c. par des paralelles DC, FE, HI , &c. qui foient perpendiculaires à la longueur PO, & qui foient toutes à une égale diftance les unes des autres. On trouvera toujours enfuite l'étenduë de la furface AN avec beaucoup plus de facilité ; car au lieu de faire une multiplication pour trouver l'aire de chaque trapeze, au lieu de multiplier la hauteur de chaque de ces figures par la moitié de la fomme des deux côtez paralelles , comme on l'apprend en Géométrie ; nous n'aurons qu'une feule multiplication à faire pour tous les trapezes, parce qu'ils auront tous même hauteur : c'eft-à-dire , que nous n'aurons qu'à multiplier la moitié de la fomme de tous les côtez paralelles par une hauteur comme QP, qui eft la diftance d'une paralelle à l'autre, & nous aurons l'étenduë de la fuperficie AN , ou de tous les trapezes joints enfemble. Mais il faut remarquer que comme toutes les paralelles DC, FE, IH, LK , &c. excepté la premiere BA , & la derniere NM, fervent de côté à deux trapezes , leur moitié doit être ré-

Fig. 2.
Plan. 5. 4

petée deux fois ; ou , ce qui eſt la même choſe , il faut employer ces paralelles entieres dans la multiplication , pendant qu'on ne mettra que la moitié de la premiere & de la derniere paralelle. Ainſi voici à quoi ſe réduit toute la pratique , pour trouver l'étenduë d'une ſurface plane irréguliere. Il faut prendre pluſieurs largeurs AB , CD , EF, HI , &c. à une égale diſtance les unes des autres & aſſez proche pour que les parties AC , CE , EH , &c. du contour de la ſuperficie , ſoient ſenſiblement des lignes droites : on fera une ſomme de toutes les largeurs intermediaires CD , EF , HI , KL , & de la moitié de la premiere & de la derniere AB & MN , & il n'y aura plus enſuite qu'à multiplier cette ſomme par la diſtance d'une largeur à l'autre. Si les lettres a , b , c , d , e , f déſignent les largeurs AB , CD , EF , &c. & que m , exprime la diſtance PQ ou QR d'une de ces largeurs à l'autre ; . . . . .

$m \times \overline{\frac{1}{2}a + b + c + d + e + \frac{1}{2}f}$ marquera de cette ſorte l'étendue de la ſurface AN : & c'eſt auſſi ce qu'on pourroit vérifier facilement , s'il en étoit beſoin. $m \times \overline{\frac{1}{2}a + \frac{1}{2}b}$ eſt l'étenduë du premier trapeze ABDC ; $m \times \overline{\frac{1}{2}b + \frac{1}{2}c}$ l'étenduë du ſecond ; $m \times \overline{\frac{1}{2}c + \frac{1}{2}d}$ du troiſiéme ; $m \times \overline{\frac{1}{2}d + \frac{1}{2}e}$ du quatriéme ; $m \times \overline{\frac{1}{2}e + \frac{1}{2}f}$ du cinquieme ; & ces valeurs forment, jointes enſembles, $m \times \overline{\frac{1}{2}a + \frac{1}{2}b + \frac{1}{2}b + \frac{1}{2}c + \frac{1}{2}c + \frac{1}{2}d + \frac{1}{2}d + \frac{1}{2}e + \frac{1}{2}e + \frac{1}{2}f}$ qui ſe réduit à $m \times \overline{\frac{1}{2}a + b + c + d + e + \frac{1}{2}f}$.

Nous ne pouvons pas nous empêcher de faire remarquer ici , que cette précaution , lorſqu'on diviſe une figure en pluſieurs parties , de leur donner à toutes quelques dimenſions égales , rend ordinairement les operations beaucoup plus ſimples , & peut-être d'un grand uſage dans la réſolution de pluſieurs Problêmes de Géometrie pratique. Mais afin de nous renfermer dans notre ſujet , ſuppoſons les mêmes dénominations que ci-deſſus , & cherchons les momens des cinq trapezes de la Figure 2. par rapport au point fixe P. Le premier trapeze ABDC est formé du rectangle ABba & des deux triangles ACa, BDb. L'étenduë du rectangle ABba est le produit ma de $m = $ PQ par $a = $ AB; & cette étenduë multipliée par la distance $\frac{1}{2}m$ de son centre de gravité au point fixe P, nous donnera $\frac{1}{2}m^2a$ pour le moment du rectangle ABba. D'une autre part, l'étenduë du triangle ACa est $\frac{1}{2}m \times \frac{1}{2}b - \frac{1}{2}a$, car A$a = m$ & C$a = \frac{1}{2}b - \frac{1}{2}a$; ainsi l'aire des deux triangles ACa, BDb est $m \times \frac{1}{2}b - \frac{1}{2}a$; & si nous multiplions cette étenduë par $\frac{2}{3}m$ parce que les centres de gravité des deux triangles, doivent répondre au $\frac{2}{3}$ de Aa ou de PQ, nous aurons $\frac{2}{6}m^2b - \frac{2}{6}m^2a$ pour le moment des deux triangles, qui étant ajouté avec le moment $\frac{1}{2}m^2a$ du rectangle Ab donnera $\frac{1}{6}m^2a + \frac{2}{6}m^2b$ pour le moment du trapeze entier ABDC. Or il sera facile de faire la même chose pour les autres trapezes : il suffira de diviser le tout en rectangles & en triangles, & de considerer que la distance de leurs centres de gravité au point fixe P augmente dans chaque, d'un intervale comme PQ ou comme QR $= m$; c'est-à-dire, que si, par exemple, le centre de gravité des deux triangles ACa, & BDd est éloigné du point fixe P de la distance $\frac{2}{3}m = \frac{2}{3}$QP, le centre de gravité des deux triangles CEc, & DFd, sera éloigné du même point fixe, de la distance $\frac{1}{3}m = m + \frac{2}{3}m =$ PQ $+ \frac{2}{3}$ QR. Enfin on trouvera $\frac{4}{6}m^2b + \frac{5}{6}m^2c$ pour le moment du second trapeze; $\frac{7}{6}m^2c + \frac{8}{6}m^2d$ pour celui du troisiéme; $\frac{10}{6}m^2d + \frac{11}{6}m^2e$ pour celui du quatriéme; & $\frac{13}{6}m^2e + \frac{14}{6}m^2f$ pour celui du cinquiéme; & on aura par conséquent $\frac{1}{6}m^2a + \frac{2}{6}m^2b$, $+ \frac{4}{6}m^2b + \frac{5}{6}m^2c$, $+ \frac{7}{6}m^2c + \frac{8}{6}m^2d$, $+ \frac{10}{6}m^2d + \frac{11}{6}m^2e$, $+ \frac{13}{6}m^2e + \frac{14}{6}m^2f$ pour le moment de toute la surface AHOF. Mais ce moment se réduit à $\frac{1}{6}m^2a + m^2b + 2m^2c + 3m^2d + 4m^2e + \frac{14}{6}m^2f$; & ainsi il n'y a qu'à diviser cette derniere expression par $m \times \overline{\frac{1}{2}a + b + c + d + e + \frac{1}{2}f}$ qui marque l'étenduë de la superficie, & nous aurons, selon le principe de Statique, $\dfrac{m^2 \times \overline{\frac{1}{6}a + b + 2c + 3d + 4e + \frac{14}{6}f}}{m \times \overline{\frac{1}{2}a + b + d + e + \frac{1}{2}f}}$

ou $m \times \frac{\frac{1}{6}a + b + 2c + 3d + 4e + \frac{14}{6}f}{\frac{1}{2}a + b + c + d + e + \frac{1}{2}f}$ pour la distance PG du point fixe P au centre de gravité G. Fig. 2. Plan. 5.

Si on suit maintenant pied à pied le calcul précédent, & qu'on examine avec soin l'ordre que tous les termes observent entr'eux, on pourra rendre ce calcul plus general & l'appliquer à des surfaces partagées en tant de trapezes qu'on voudra. On verra que le numerateur de la fraction $\frac{\frac{1}{6}a + b + 2c + 3d + 4e + \frac{14}{6}f}{\frac{1}{2}a + b + c + d + e + \frac{1}{2}f}$ qu'on doit multiplier par m est toujours formé, 1°. de la sixiéme partie de la premiere largeur AB; 2°. de la seconde largeur entiere CD; 3°. du double de la troisiéme largeur EF; 4°. du triple de la quatriéme largeur HI, & ainsi de suite jusqu'à la pénultiéme inclusivement; & quant à la derniere MN, on reconnoîtra que sa sixiéme partie entre un certain nombre de fois dans le numerateur de la fraction, & que pour sçavoir combien elle y entre, il faut tripler la multitude des parties égales PQ, QR, RS, &c. que contient la longueur PO de la surface, & ôter l'unité du produit: c'est-à-dire, qu'ici où nous avons partagé la longueur PO en cinq parties, on retranche 1. de 15. qui est le triple de cinq, & on apprend par-là qu'il faut mettre 14. fois la sixiéme partie de la derniere largeur MN. En un mot si n marque le nombre des parties égales PQ, QR, &c. nous pouvons exprimer generalement la distance PG de l'extremité P au centre de gravité G, par la formule . . . .

$$m \times \frac{\frac{1}{6}a + 1b + 2c + 3d + \&c. + \frac{3n-1}{6}f}{\frac{1}{2}a + b + c + d + \&c. + \frac{1}{2}f}$$ ou par $$PQ \times \frac{\frac{1}{6}\overline{AB} + 1 \times \overline{CD} + 2 \times \overline{EF} + 3 \times \overline{HI} + \&c. + \frac{3n-1}{6} \times \overline{MN}}{\frac{1}{2} \times \overline{AB} + CD + EF + HI + \&c. + \frac{1}{2} \times \overline{MN}}$$. Et il est facile de remarquer que lorsque la premiere largeur AB & la derniere MN sont nulles, comme cela arrive dans plusieurs surfaces qui se terminent en pointes à leurs deux extrémitez, on peut exprimer la distance PG d'une maniére

Fig. 1.
Plan. 5.

encore plus simple par $PQ \times \dfrac{1 \times \overline{CD} + 2 \times \overline{EF} + 3 \times \overline{HI} + \&c.}{CD + EF + HI + \&c.}$

Pour en donner un exemple, proposons-nous la coupe horisontale d'un Navire prise à fleur d'eau, qui ait 70 pieds de longueur, & dont les largeurs mesurées à dix pieds de distance les unes des autres en y comprenant celles des deux bouts, soient exprimées par ces nombres 0 , 18 , 23 , 34 , 23 , 19 , 11 , & 0. La derniere formule $PG = PQ \times \dfrac{1 \times \overline{CD} + 2 \times \overline{EF} + 3 \times \overline{HI} + \&c.}{CD + EF + HI + \&c.}$ nous indique d'ajouter la largeur 18, avec le double de la largeur 23, le triple de la largeur 24, le quadruple de la largeur 23, &c. & de multiplier la somme 389 par la distance 10 d'une largeur à l'autre. Nous aurons 3890 ; & divisant ce produit par la somme 118 de toutes les largeurs 18, 23, 24, &c. il viendra 32 $\frac{114}{118}$ pieds ou 32 pieds 11 pouces 7 lignes, pour la distance PG du centre de gravité G à l'extrémité P de la surface ; & c'est ce qu'on ne pourroit découvrir qu'avec beaucoup plus de peine, par toutes les autres voyes.

CHAPITRE III.

Trouver l'axe de l'impulsion de l'eau , en divisant la surface de la prouë en plusieurs parties sensiblement planes.

LA facilité de la méthode précédente m'a fait examiner si on ne pouvoit pas découvrir l'axe de l'impulsion de l'eau , en partageant aussi la surface de la prouë en plusieurs parties sensiblement planes. L'opération se réduit à chercher l'impulsion de l'eau sur chaque petite partie , & à composer toutes ces impulsions : mais comme elles agissent selon differentes directions , il est absolument nécessaire de les décomposer auparavant , & de les rapporter aux trois determinations, directe, laterale, & verticale,

comme

comme nous l'avons fait dans le Ch. VII. de la premiere Section; c'est-à-dire, donc qu'il faut toujours chercher avec quelle force chaque partie de la prouë est poussée selon le sens paralelle à la quille, selon le sens perpendiculaire à la quille & selon le sens vertical; il faut ensuite ajouter toutes les impulsions relatives directes ensemble, de même que toutes les latérales ensemble, & toutes les verticales aussi ensemble; & de cette sorte toutes les impulsions particuliéres se trouvent réduites à trois. Comme cette opération se trouve très-longue, nous avons tâché de l'abréger : mais il faut que nous convenions que si nous sommes parvenus à la rendre beaucoup plus facile, nous n'avons pas pû réussir cependant à l'accommoder à la portée des personnes qui ne seroient nullement Géometres.

Pour trouver d'abord l'impulsion que doit souffrir chaque petite partie de la prouë, on peut mesurer actuellement l'angle d'incidence sans chercher à le découvrir, à l'aide du calcul, par la situation connuë de la surface. Il faut pour cela que le Vaisseau soit encore sur le chantier ou qu'il soit à sec dans quelque bassin : & supposé que le triangle ABC [Fig. 3. Planche 5.] soit une partie sensiblement plane de la superficie de sa prouë, on n'aura qu'à situer une regle CD horisontalement, & la mettre paralellement à la direction que doit avoir l'eau ; c'est-à-dire, qu'on la mettra paralellement à la quille, si on veut examiner l'impulsion de l'eau dans la route directe, mais qu'on la placera obliquement, s'il s'agit de quelque route oblique. Enfin la regle CD étant paralelle à la direction de l'eau, on mesurera l'angle qu'elle fera avec la surface ABC, & on aura l'angle d'incidence. Ainsi il ne restera plus qu'à chercher le sinus de cet angle dans les tables ordinaires, & à en multiplier le quarré par l'étenduë de la surface, & on aura l'expression du choc de l'eau; puisque ces chocs sont toujours en raison composée de l'étenduë des surfaces & des quarrez des sinus des angles d'incidence. Mais comme la mesure de cet angle peut être

Fig. 3.
Plan. 5.

encore fujette à quelque difficulté, & que d'ailleurs on n'a pas toujours entre les mains des Tables des finus, je crois qu'il vaut mieux mefurer actuellement le finus même ; d'autant plus que cela fe peut faire tout-à-fait aifément. On n'a en effet qu'à prendre fur la regle CD un efpace ED d'une grandeur conftante pour repréfenter le finus total : & difpofant enfuite une équerre FGH, de maniére qu'étant placée perpendiculairement à la furface ABC, une de fes branches GH foit étenduë fur la furface, pendant que l'autre viendra joindre la regle au point E, la partie EG de cette feconde branche fera le finus d'incidence ; & on en aura la valeur, fi la branche eft divifée en un certain nombre de parties égales. Au lieu de mettre fur la branche FG une échelle de parties égales, on pourroit encore, fi on le vouloit, en mettre une femblable à celle qui eft gravée fur les compas de proportion & qui porte le nom de *lignes des plans*. On ne trouveroit pas enfuite le finus d'incidence, mais on trouveroit le quarré de ce finus ; & il ne refteroit donc, pour avoir l'impulfion de l'eau, qu'à multiplier ce quarré par l'étenduë de la furface.

On voit qu'il fera toujours très-facile de trouver de cette forte l'impulfion abfoluë que doit recevoir de la part de l'eau chaque partie fenfiblement plane de la fuperficie de la prouë. Il s'agit maintenant de trouver les trois impulfions relatives felon les fens direct, latéral, & vertical. Mais fans les deduire des impulfions abfoluës, nous allons expliquer un principe très-commode, qui nous fervira à les découvrir immédiatement, & par ce moyen nous rendrons toute l'opération beaucoup plus courte. Suppofons que AB [Fig. 4. Plan. 5.] foit une furface pouffée par un fluide, ou par quelqu'autre agent felon la perpendiculaire DH ; on fçait que cette furface ne peut pas être pouffée felon DH, fans l'être en même-tems felon toutes les autres directions qui ne font pas un angle droit avec DH ; & que les impulfions relatives font plus ou moins grandes, felon que ces directions font de plus petits ou de plus grands

angles avec DH. Or nous ferons remarquer que si on
cherche les projections FG & IK de la surface AB sur des
plans perpendiculaires aux directions DC & DE (ce qui
se fait, comme on le sçait, en abaissant de toutes les extremitez de la surface AB des perpendiculaires sur les plans
FG & IK) il y aura même rapport de la surface AB à ces
projections FG & IK, que de l'impulsion totale, qui s'exerce
le long de DH, aux impulsions relatives qui se font ressentir en même-tems selon les directions DC & DE.

Il est facile de voir la raison de cette vérité. Car si après
avoir pris l'espace DM pour représenter avec quelle force
la surface AB est poussée selon DH, on abaisse du point M
les perpendiculaires MN & MO sur les directions DE &
EF, il est évident que les parties interceptées DN & DO de
ces directions, représenteront les forces relatives avec lesquelles la surface AB est poussée selon DC & DE ; & si
on transporte ensuite par la pensée les projections FG & IK,
en BR & en AL, les triangles ABR & DMN seront
semblables, de même que les triangles ABL & DMO ;
parce que les trois côtez des uns sont perpendiculaires aux
trois côtez des autres : d'où il suit que les impulsions relatives DN & DO sont à l'impulsion absoluë DM, comme
les projections BR & AL, ou GF & IK sont à la surface AB.
Nous n'avons point marqué ici la largeur de cette surface
AB, ni celle de ses projections ; mais comme la largeur sera toujours la même dans l'une & dans les autres, il n'y a
que le seul rapport des hauteurs à examiner ; & la hauteur
AB de la surface qui reçoit le choc, sera toujours à la
hauteur IK de quelqu'une de ses projections, comme la
force absoluë selon DH est à la force relative selon DE qui
est perpendiculaire à IK. Or ce principe étant admis, il
est clair que lorsque nous voudrons trouver avec quelle
force relative l'eau pousse une partie plane de la prouë,
selon une certaine ligne, nous n'aurons qu'à chercher la
projection de cette partie sur un plan perpendiculaire à la
ligne proposée, & multiplier le quarré du sinus d'inciden-

ce par l'étenduë de cette projection. Nous multiplierions le quarré du finus d'incidence par la furface même, fi nous voulions trouver l'impulfion abfoluë, ou ce qui revient au même, fi la direction propofée étoit perpendiculaire à la furface. Mais puifqu'il ne s'agit que de l'impulfion rela-tive felon une certaine détermination, & que l'impulfion abfoluë eft à l'impulfion relative comme la furface eft à fa projection, il eft fenfible que ce n'eft pas la furface en-tiere, mais feulement fa projection qu'il faut multiplier par le quarré du finus d'incidence. Ainfi pour découvrir avec quelle force les parties de la prouë font pouffées fe-lon le fens paralelle à la quille, felon le fens horifontal perpendiculaire à la quille, & felon le fens vertical, il nous faut chercher les projections de ces parties fur trois diffé-rens plans, qui doivent être perpendiculaires à ces trois di-rections, directe, latérale, & verticale. Nous devons donc chercher la premiere projection fur un plan vertical per-pendiculaire à la quille, la feconde fur un plan verti-cal paralelle à la quille, & la troifiéme fur un plan hori-fontal. De cette forte nous trouverons immédiatement les impulfions relatives comme nous nous le propofions, fans être obligez de chercher auparavant les abfoluës. Mais il faut que nous expliquions de quelle maniére on doit partager la furface de la prouë, pour qu'on puiffe me-furer commodément l'étenduë de ces trois projections dont nous avons befoin.

Fig. 5.
Plan. 5. Nous diviferons la furface de la prouë GCV*g* [Fig. 5. Planc. 5.] en plufieurs zones par des plans perpendiculai-res à la quille. GNC*gfm*BMF eft une de ces zones, qui eft féparée du refte de la furface, par les deux plans ver-ticaux FB*f* & GC*g* perpendiculaires à la quille & à l'axe VE de la prouë. Nous diviferons encore toutes ces zones en plufieurs trapezes KFGL, MKLN, &c. par des plans horifontaux *k*KL & *m*MN, &c. Et comme il peut arriver que, malgré la petiteffe de ces trapezes, leurs quatre an-gles ne foient pas dans un même plan, nous les rédui-rons encore toujours en triangles, en traçant les diagonales

FL, KN, &c. au dedans : de forte que nous ne confidé-
rerons que ces feuls triangles comme des fuperficies planes. Dans toutes ces fuperficies il y aura toujours les pointes de deux angles qui feront dans le même plan horifontal,
& la pointe du troifiéme angle fera toujours au-deffus ou au-
deffous d'une des deux premieres. On mefurera avec un fil à
plomb la quantité verticale dont un de ces angles fera plus
élevé que l'autre, & on prendra en même-tems en bas fur
le terrain, la diftance du fil à plomb à la quille, afin d'a-
voir les demies largeurs de Navire en chaque endroit. Enfin on nommera dans chaque triangle.

f La quantité dont les deux angles, qui font l'un au-
deffus de l'autre, font plus vers la poupe ou vers la prouë,
que le troifiéme angle.

g La difference des deux demies largeurs de la prouë
mefurées vis-à-vis des deux angles qui font à côté l'un de
l'autre, ou qui font à même hauteur.

k La différence des deux demies largeurs mefurées vis-
à-vis des angles qui font l'un au-deffus de l'autre.

Et enfin *i* la quantité verticale dont un de ces derniers
angles eft au-deffus de l'autre.

C'eft-à-dire, que fi dans le triangle FGL, on abaiffe
par la penfée la perpendiculaire FP fur EG, & que du
point L on tire la verticale LQ qui rencontre EG perpendiculairement en Q, la lettre *f* défignera FP ou AE,
qui eft la diftance des deux plans verticaux qui terminent
le tronc *g*BG de la prouë, & qui comprennent notre triangle. *g* défignera PG qui eft la difference des deux demies
largeurs AF & EG de la prouë; *k* exprimera la différence GQ des deux demies largeurs mefurées en G & en L :
& enfin *i* marquera LQ ou HA. On n'a pareillement dans
le triangle NMK qu'à abaiffer du point N la perpendiculaire NR fur IM prolongée vers R, & du point K abaiffer la verticale KS qui rencontrera IM en S : nous aurons
enfuite NR = FP = AE pour la valeur de *f*, valeur qui
fera la même dans tous les triangles de la même zone GB*g*.

Fig. 5.
Plan. 5.

Nous aurons, 2°. la différence MR des deux demies largeurs mesurées en M & en N pour la valeur de g ; valeur
qui sera ordinairement différente dans tous les triangles.
Nous aurons 3°. MS qui est la différence des deux demies
largeurs IM & MK pour la valeur de k. Et nous aurons
4°. la quantité verticale KS dont le point K est plus élevé
que le point M pour la valeur de i. En un mot il sera toujours facile de connoître les quatre grandeurs f, g, k, &
i, dans tous les triangles ; il faudra seulement bien observer, de ne pas confondre ce qui appartient à l'un, avec
ce qui appartient à l'autre ; & il sera ensuite tout-à-fait
aisé de trouver l'étenduë des trois projections que nous
demandions.

S'il s'agit, par exemple, de l'impulsion que souffre le
triangle FGL, & que nous cherchions sa projection sur
le plan vertical qui passe par GL & GE, & qui est perpendiculaire à la quille, il est évident qu'il nous viendra
le triangle PGL ; puisque les points L & G sont communs
au triangle FGL, & à sa projection PGL, & que le point
P répond au point F, à cause de FP qui est paralelle à la
quille & qui tombe perpendiculairement sur GP. Ainsi
c'est l'étenduë du triangle PGL qu'il faut multiplier par
le quarré du sinus d'incidence, pour avoir, conformément
à ce que nous avons dit cy-devant, l'impulsion relative directe, à laquelle est sujette la partie triangulaire FGL. Or
on trouvera l'étenduë du triangle de projectiou PGL, en
multipliant sa base PG par la moitié de la hauteur LQ.
C'est-à-dire, que nous aurons $\frac{1}{2}$ ig pour l'étenduë de cette projection ; & on peut voir aisément que toutes les autres parties triangulaires de la prouë ont également $\frac{1}{2}$ ig
pour leur projection faite sur un plan vertical perpendiculaire à la quille, aussi-tôt qu'on donne à i & à g les grandeurs qui leur conviennent. Si on cherche en second lieu
la projection faite sur le plan horifontal AFGE, on trouvera le triangle FGQ ; car les points F & G de la projection sont les mêmes que ceux du triangle FGL, & le point

Q répond au point L dans la même verticale QL : c'est par conséquent le produit $\frac{1}{2}$ $\overline{GQ}$ $\times$ $\overline{PF}$ = $\frac{1}{2}$ kf qui marque l'étenduë de la projection, & c'est ce produit qu'on doit multiplier par le quarré du finus d'incidence, pour avoir la force relative verticale avec laquelle le triangle FGL est pouffé en haut : & on peut remarquer que $\frac{1}{2}$ kf convient à tous les triangles. Enfin comme la projection faite fur le plan vertical paralelle à la quille doit être comprife entre les mêmes plans horifontaux, que le triangle FGL, il est évident qu'elle aura LQ = i de hauteur, & que fa largeur fera égale à FP = f ; parce qu'elle fera auffi comprife entre les mêmes plans verticaux perpendiculaires à la quille : c'est-à-dire, donc que $\frac{1}{2}$ $\overline{LQ}$ $\times$ FP = $\frac{1}{2}$ if fera l'étenduë de cette projection, & que c'est $\frac{1}{2}$ if qu'il faut multiplier par le quarré du finus d'incidence, pour avoir la force avec laquelle chaque triangle FGL est pouffé lateralement ou de côté. Ainfi les produits $\frac{1}{2}$ ig, $\frac{1}{2}$ if, & $\frac{1}{2}$ kf défignent les trois projections dont nous avions befoin, & font, pour ainfi dire, les *expofans* des trois impulfions relatives, directe, latérale, & verticale. Ces projections une fois trouvées, ferviront pour les routes de toutes fortes d'obliquitez ; il n'y aura que le finus d'incidence qui fera fujet à changer. On mefurera ce finus comme nous l'avons expliqué cy-devant, & il ne reftera donc qu'à en multiplier le quarré par les projections, pour avoir les trois impulfions relatives, aufquelles chaque partie triangulaire FGL de la furface de la prouë fera expofée.

Nous difons qu'on mefurera le finus d'incidence ; mais il faut remarquer qu'on n'en prend ainfi actuellement la mefure que pour le decouvrir avec plus de facilité : car on pourroit en trouver la valeur par le calcul, en fe fervant fimplement des dimenfions que nous venons de fuppofer. En effet fi n défigne le finus total, & m & h la tangente & la fecante de l'angle de la derive, ou la tangente & la fecante de l'obliquité de la route, nous pourrions prouver aſſez aiſément que , $\dfrac{n^2 ig + nmf i}{h\sqrt{i^2 f^2 + i^2 g^2 + k^2 f^2}}$. eſt l'expreſſion générale des ſinus d'incidence ſur toutes les parties triangulaires de la prouë ; ſur les parties qui ſont du côté de l'angle de la dérive lorſque le ſecond terme du numérateur eſt affecté du ſigne +, & ſur les parties de l'autre moitié de la prouë lorſque le ſecond terme eſt affecté du ſigne —. Le quarré de cette expreſſion étant multplié par les trois projections $\frac{1}{2}\,ig$, $\frac{1}{2}\,if$, $\frac{1}{2}\,kf$, on trouve ,

$$\frac{\frac{1}{2} ig \times \overline{n^2 ig + nmif}^2}{h^2 \times \overline{i^2 f^2 + i^2 g + k^2 f^2}}; \quad \frac{\frac{1}{2} if \times \overline{n^2 ig + nmif}^2}{h^2 \times \overline{i^2 f^2 + i^2 g^2 + k^2 f^2}}; \;\&\; \frac{\frac{1}{2} kf \times \overline{n^2 ig + nmif}^2}{h^2 \times \overline{i^2 f^2 + i^2 g + k^2 f^2}}$$

pour les trois chocs relatifs , direct , latéral, & vertical.

Enfin auſſi-tôt qu'on aura découvert ces chocs relatifs pour tous les triangles, il faudra ajouter enſemble tous les chocs directs , parceque comme ils agiſſent dans le même ſens, ils doivent former un choc total, égal à leur ſomme. Il faudra par la même raiſon ajouter auſſi enſemble toutes les impulſions verticales. Mais quant aux latérales, on prendra la différence de celles qui ſe font ſur le côté droit de la prouë & de celles qui ſe font ſur le côté gauche ; parceque ces impulſions latérales ſont contraires , & que les plus foibles doivent ſuſpendre une partie de l'effet des plus fortes. Or toutes nos impulſions relatives ſe trouveront de cette maniére réduites ſimplement à trois : & il ne ſera pas fort difficile de trouver auſſi les directions de ces forces , en employant le principe de Statique , dont nous nous ſommes déja ſervi. Nous n'aurons qu'à concevoir auprès du Vaiſſeau , un plan paralelle à la direction que nous voudrons déterminer ; & ſi nous multiplions les chocs particuliers que ſouffrent toutes les parties de la prouë , par leur diſtance à ce plan , & que nous ajoutions enſemble tous ces produits ou momens , nous n'aurons qu'à diviſer leur ſomme ou le moment total par la ſomme des impulſions , & il nous viendra au quotient la diſtance de leur direction composée , à ce plan que nous aurons pris pour terme. On déterminera ainſi les directions des trois chocs

relatifs,

relatifs, que souffrent enfemble toutes les parties de la prouë, & il faudra enfuite compofer ces directions, pour avoir l'axe du choc abfolu ou de l'impulfion totale. Comparant d'abord les deux impulfions relatives horifontales, directe, & latérale, on trouvera la direction de toute la partie de l'impulfion qui agit felon le fens horifontal : & comparant cette direction avec celle du choc relatif vertical, on trouvera enfin l'impulfion totale abfoluë.

CHAPITRE IV.

Application de la méthode précédente à un Navire du Croific.

J'Ay fait un effai de la méthode précédente fur un petit Navire du *Croific* appellé le *S. Pierre*, du port d'environ 23 tonneaux, dont j'ai réprefenté la carene dans la Figure 6 de la Planche 5. La coupe horifontale ACBE prife à fleur d'eau lorfque le Navire flottoit librement & qu'il étoit chargé, avoit 38 pieds 4 pouces de longueur AB & 12 pieds 6 pouces de plus grande largeur CE. La profondeur OF de la carene étoit de cinq pieds, & la diftance AO de l'extrémité A de la prouë au point O de la plus grande largeur étoit d'environ 14 pieds 5 pouces. Pendant que la mer étoit baffe & que le Navire étoit à fec, je divifai la moitié AEF de fa prouë en neuf parties triangulaires qui étoient fenfiblement planes : mais cependant j'eus pouffé la divifion beaucoup plus loin, s'il eût été queftion de tirer quelques conféquences certaines & de mâter effectivement ce Navire. Ces neuf triangles étoient difpofez comme ils le paroiffent dans la figure, & voicy à peu près comment j'en reglai l'arrangement, & que j'en pris les dimenfions. Je laiffai tomber du point A un fil à plomb, afin de déterminer le point *a* ; & ayant prolongé la quille jufqu'à ce point, je lui tirai fur le terrain les trois perpen-

Fig. 6.
Plan. 5.

S

Fig. 6.
Plan. 5.

diculaires *ml*, *gh*, & F*e*, d'une longueur indéterminée. Je
fis partir les deux premieres, des deux points *m* & *g* que je
pris à volonté, après cependant avoir mesuré les distances
am & *ag* ; mais je tirai la troisiéme du point F qui répondoit sous la plus grande largeur du Navire. Je pris ensuite un fil à plomb, égal à la hauteur A*a* de l'extrémité de
la prouë, qui étoit de 5 pieds, & l'ayant appliqué aux
points L, H, E qui répondoient exactement au - dessus
des lignes *m l*, *gh*, F*e*, & qui étoient élevez au-dessus du
terrain de toute la longueur du fil, je marquai ces trois
points ; & on mesura en même-tems en bas les trois espaces *ml*, *gh*, & F*e*, afin d'avoir les trois demies largeurs du
Navire dans ces trois points. Je rendis ensuite le fil à plomb
égal à la hauteur M*m*, & l'appliquant aux points K & X
qui étoient également élevez que le point M & qui répondoient précisément au-dessus des lignes *gh*, & F*e*, on mesura les intervales *gk* & F*x*, pour avoir les demies largeurs
de la carene dans les deux points K & X. Enfin je dimi-
nuai encore la longueur du fil à plomb, & l'ayant fait égal
à la hauteur G*g*, je l'appliquai au point T qui étoit à la
même hauteur & qui répondoit au-dessus de F*e* & je fis
mesurer l'intervale F*t*. Il est clair que je pouvois ensuite,
avec toutes ces dimensions, trouver aisément les trois differentes projections des neuf triangles ALM, LHK,
LMK, MKG, HEX, KHX, KXT, GKT, & GTF
dans lesquels j'avois partagé la moitié de la prouë : car
pour trouver, par exemple, celles du triangle KHX, je
n'avois qu'à faire attention que les grandeurs que nous
avons désignées dans le Chapitre précédent par f, g, k,
& i, sont égales à *g*F, à F*x* — *gk*, à *gh* — *gk* = *kh*, & à
H*h* — K*k* ; & il ne me restoit plus que de simples multipli-
cations à faire, pour avoir l'étenduë des trois projections
$\frac{1}{2}ig$, $\frac{1}{2}if$, & $\frac{1}{2}$ *kf*. Enfin je trouvai que celles du premier
triangle étoient de 577 $\frac{1}{2}$, de 445 $\frac{1}{2}$, & de 472 $\frac{1}{2}$ pouces
quarrez ; celles du second de 478 $\frac{1}{2}$, 957, & 667 ; du troisiéme de 676 $\frac{1}{2}$, 957, & 1015 ; du quatriéme de 430 $\frac{1}{2}$,

Fig. 6.
Plan. 5:

609, & 1189; du cinquiéme de 181 $\frac{1}{2}$, 1452, & 660; du fixiéme de 313 $\frac{1}{2}$, 1452, & 1012; du feptiéme de 199 $\frac{1}{2}$, 924, & 1056; du huitiéme de 378, 924, & 1804; & enfin du neuviéme de 108, 264, & 1584. Je mefurai auffi les finus d'incidence fur les neuf triangles, en me fervant d'une équerre, comme je l'ai expliqué au commencement de l'autre Chap. Je pouvois par la formule $\dfrac{n^2 ig + nmif}{b\sqrt{i^2 f^2 + j^2 g^2 + k^2 f^2}}$ déduire ces finus des dimenfions que je venois de prendre; mais il étoit plus court, comme je l'ai déja dit, de les mefurer actuellement. Je fuppofai le finus total de 100 parties & je trouvai ces neuf valeurs, 66, 38, 43, 30, 11, 17, 14, 18, & 6. Mais il faut remarquer que ces finus n'appartiennent qu'à la route directe, parce que je ne fituai ma regle que paralellement à la quille.

Les quarrez de ces finus font 4356, 1444, 1849, 900, 121, 289, 196, 324, & 36. Je n'avois qu'à multiplier ces quarrez par l'étenduë des neuf triangles & il me fût venu, comme on le fçait, les chocs abfolus que doivent recevoir ces triangles; mais comme je ne voulois avoir que les chocs relatifs directs & verticaux, je multipliai chaque quarré par chaque des projections $\frac{1}{2} ig$, & $\frac{1}{2} kf$ & je reconnus que les neuf impulfions relatives directes étoient 2515590, 690954, 1250848 $\frac{1}{2}$, 387450, 21961 $\frac{1}{2}$, 90601 $\frac{1}{2}$, 39102, 122472, & 3888; & les neuf impulfions relatives verticales 2058210, 963148, 1876735, 1070100, 79860, 292468, 206976, 584496, & 57024. J'ajoutai enfuite les chocs horifontaux enfemble & les verticaux auffi enfemble, & je reconnus que la demie prouë AEF devoit être pouffée felon le fens paralelle à la quille avec une force 5122867 $\frac{1}{2}$ & verticalement avec la force 7189017 : d'où il fuit que la prouë entiére qui doit être pouffée avec des forces doubles, devoit reffentir les deux impulfions relatives 10245735, & 14378034. Je ne me fervis point des projections $\frac{1}{2} if$ des neuf triangles, ou, ce qui eft la même chofe, je ne cherchai point avec quelle force le Navire étoit pouſſé de côté ; parce qu'une des moitiez de la prouë eſt autant pouſſée que l'autre, auſſi-tôt que le Navire ſingle directement ſur ſa quille ; & les deux impulſions latérales qui ſont contraires, doivent alors ſe détruire mutuellement.

Pour trouver enſuite la direction DW ſur laquelle agit l'impulſion relative horiſontale, je pris en pouces les diſtances perpendiculaires des centres de gravité des triangles au plan ACE, qui eſt une partie de la premiere tranche de la carene. Il faut remarquer que je ne meſurai pas actuellement ces diſtances, mais ce qui me donna préciſément la même choſe, comme il ſeroit facile de le démontrer, je fis une ſomme des diſtances des trois angles de chaque triangle au plan ACE & j'en pris le tiers. Je multipliai après cela les impulſions relatives horiſontales 2515590, 690954, &c. par les diſtances des centres de gravité, ce qui me donna les momens de ces impulſions : & diviſant ſelon le principe de Statique, la ſomme 176122905 de ces momens par la ſomme 10245735 des impulſions, il me vint 17 pouces & un peu plus, pour la quantité DS dont la direction DW eſt au-deſſous du plan ACE. Je cherchai enſuite de la même maniére la direction DI de l'impulſion relative verticale. Je m'imaginai à l'extrémité A de la prouë, un plan vertical perpendiculaire à la quille, & ayant multiplié les impulſions particuliéres verticales 2058210, 963148, &c. par leurs diſtances à ce plan, je trouvai leurs momens particuliers & j'eus 814974408 pour leur ſomme ou pour le moment total. Je diviſai ce moment total par 14378034 qui eſt la ſomme des impulſions verticales, & il me vint au quotient 56 pouces environ 8 lignes pour la diſtance AS de la direction verticale DI à l'extrémité A de la prouë. J'eus encore conçû un autre plan vertical, mais paralelle à la quille, & j'eus cherché les diſtances des directions DW & DI à ce plan, s'il eût été queſtion d'une route oblique. Mais dans le cas que je conſidérois, les directions DW & DI n'étoient

pas plus d'un côté du Vaiſſeau que de l'autre ; elles étoient Fig. 6.
Plan. 5.
exactement dans le plan vertical AOF qui coupe la prouë
par la moitié.

Enfin il ne me reſtoit plus qu'à compoſer les deux directions DW & DI pour trouver la direction DRN de
l'impulſion abſoluë : mais c'eſt ce qui étoit tout-à-fait facile après tous les calculs précédens ; puiſque cette direction DR doit être la diagonale d'un rectangle DQRP qui
a ſes côtez DQ & DP en même raiſon que les deux
impulſions horiſontale, & verticale 10245735, & 14378034.
Je cherchai auſſi le centre de gravité γ de la premiere
tranche ACBE de la carene par la méthode du Chapitre
II. de ces Additions, & ayant ſouſtrait AS qui étoit de
56 $\frac{1}{3}$ pouces de la diſtance Aγ que je trouvois de 17 pieds
8 pouces, il me vint 12 pieds 11 $\frac{1}{3}$ pouces pour Sγ ou pour
DW. Je fis après cela cette analogie : l'impulſion horiſontale DQ = 10245735 eſt à l'impulſion verticale DP ou
QR = 14378034, comme 12 pieds 11 $\frac{1}{3}$ pouces valeur de
DW ſont à environ 18 pieds 2 pouces, valeur de WN ;
&, ſi on en retranche Wγ qui eſt égal à DS, & qui
eſt de 17 pouces, il reſtera 16 pieds 9 pouces pour l'élévation γ N du *point vélique* N, qui eſt, comme on le ſçait,
le point d'interſection de l'axe DN du choc de l'eau &
de la verticale du centre γ. Ainſi nous voyons que pour
donner une diſpoſition parfaite à la Mâture du Navire le
S. Pierre, il eût fallu mettre le centre d'effort de ſes voiles à 16 pieds 9 pouces au-deſſus de la ſurface de l'eau ;
ou à environ 14 pieds au-deſſus du Navire, parce que le
tillac & le bord pouvoient avoir 2 pieds 9 pouces de hauteur au-deſſus de l'eau. Cela ſuppoſé, ſi on eût fait la voile
large de 20 pieds par en bas & de 50 par le ſommet, comme on le pouvoit très-aiſément ; il eût fallu la faire de
24 $\frac{1}{2}$ pieds de hauteur, & donner auſſi cette même hauteur aux Mâts au-deſſus du Navire : c'eſt ce qu'on trouve
par l'analogie indiquée à la fin de l'article V. du Chapitre
IX. de la premiere Section.

S iij

Fig. 25.
& 26.

Il n'y auroit pas plus de difficulté à trouver l'impulsion de l'eau dans une route oblique : l'opération feroit fimplement plus longue, parce qu'il faudroit chercher le choc relatif latéral auquel feroient expofées les parties de la prouë & qu'il faudroit compofer ce choc avec les deux autres. Il eft vrai qu'à faire la même opération feulement pour neuf ou dix routes, on s'engageroit dans un travail de plufieurs jours. Mais il fuffit de faire attention aux fruits confidérables qu'on en retireroit & à l'importance de la matiére, & je crois qu'on ne comptera enfuite la peine que pour très-peu de chofe. Ce ne font pas fimplement nos maximes de Mâture, qui fuppofent la détermination exacte de l'axe de l'impulfion abfoluë de l'eau : nous croyons même, comme nous l'avons déja infinué, qu'après que nous aurons mis nos deux voiles aux deux extremitez du Vaiffeau & que nous leur aurons donné la hauteur convenable pour la route directe, on pourroit fans inconvenient laiffer aux Marins le foin d'en regler la difpofition particuliére dans les routes obliques; & de cette forte nous n'aurions gueres à chercher l'axe du choc abfolu de l'eau, que dans le feul cas où le Navire fingle directement fur fa quille. Mais prefque tous les Problêmes de Manœuvre fuppofent la détermination de ce même axe dans les routes obliques. Il n'eft pas poffible, par exemple, de découvrir autrement la difpofition la plus avantageufe de la voile & du Vaiffeau; foit pour gagner au vent; foit pour fuivre une route propofée; foit pour atteindre un autre Vaiffeau qui fait voile & qui fuit. D'ailleurs fi la Théorie de la Manœuve eft fondée fur la connoiffance de l'impulfion de l'eau, il eft certain qu'on ne peut guéres découvrir cette impulfion, par les méthodes purement géométriques : car la courbure de la carene eft mécanique & irréguliére dans prefque tous les Vaiffeaux, & ainfi il n'y a point de meilleur parti à prendre, que celui de partager la prouë en plufieurs petites furfaces fenfiblement planes, comme nous venons de faire. Peut-être cependant que

la méthode précédente, quoique nous ayons trouvé le
moyen de l'abreger affez confiderablement, paroîtra encore trop longue, pour qu'on puiffe fe réfoudre à en faire
un fréquent ufage dans la Marine. Mais nous allons montrer qu'on peut prefque toujours en rendre l'application
beaucoup plus fimple, auffi-tôt qu'il s'agit de découvrir
l'impulfion de l'eau pour plufieurs routes.

CHAPITRE V.

*Ayant trouvé par l'expérience ou par quelqu'autre moyen
l'impulfion de l'eau fur la prouë, pour la route directe
& pour une route oblique, découvrir géométriquement
les impulfions pour toutes les autres routes.*

EN effet c'eft affez que nous connoiffions les impreffions de l'eau dans deux routes différentes, pour que
nous puiffions les trouver dans toutes les autres; pourvû
cependant qu'il n'y ait toujours que les mêmes parties de la
prouë qui foient exposées au choc. Cela vient de ce qu'il
y a toujours, quoique cela paroiffe affez furprenant, un
certain rapport entre toutes les impulfions que peut fouffrir une furface & de ce que ce rapport fe trouve non-
feulement dans les furfaces courbes géométriques & ré-
guliéres; mais auffi dans celles qui font comme formées
au hazard & dont les parties ne gardent aucun ordre dans
leur fituation. De forte qu'une furface dont la courbure
n'eft pas foumife au calcul algébraïque, reçoit des chocs
dont la relation y eft foumife & dont la relation peut s'exprimer d'une maniére générale.

Si nous confidérons d'abord les expreffions des chocs relatifs que nous avons données dans le Chapitre VII. de la
premiere Section, nous verrons qu'on peut toujours les
réduire à cette forme $\dfrac{E + m \times F + m^2 \times G}{h^2}$ dans laquelle, E,

F, & G font des grandeurs conftantes, qui ne changent point par les diverfes obliquitez de la route ; mais qui font fimplement differentes felon qu'il s'agit d'impulfions relative ou directe, ou latérale, ou verticale. Suppofé, par exemple, qu'on examine la premiere formule . . . .

$$\int \frac{2n^4 qy\,dy^3 \pm 4mn^3 ry\,dy^2\,dx \pm m^2 n^2 qy\,dy\,dx^2}{2h^2 r \times dx^2 + dy^2},$$

il eft clair qu'elle eft précisément la même que

$$\frac{1}{h^2}\int \frac{2n^4 qy\,dy^3}{2r \times dx^2 + dy^2} \pm \frac{m}{h^2} \times \ldots$$

$$\int \frac{4n^3 ry\,dy^2\,dx}{2r \times dx^2 + dy^2} \pm \frac{m^2}{h^2}\int \frac{n^2 qy\,dy\,dx^2}{2r \times dx^2 + dy^2} ;$$

& cette derniere expreffion ne differe point de $\frac{E}{h^2} \pm \frac{m}{h^2}F + \frac{m^2}{h^2}G$ ou de $\frac{E \pm mF \pm m^2 G}{h^2}$ auffi - tôt qu'on défigne les trois intégrales

$$\int \frac{2n^4 qy\,dy^3}{2r \times dx^2 + dy^2}, \quad \int \frac{4n^3 ry\,dy^2\,dx}{2r \times dx^2 + dy^2}, \quad \int \frac{n^2 qy\,dy\,dx^2}{2r \times dx^2 + dy^2},$$

par les lettres E, F, G. On peut dire auffi la même chofe des impulfions, relative, latérale, & verticale. Toute la différence qui fe trouve, c'eft que lorfqu'il eft queftion de l'impulfion directe, exprimée par la premiere formule, les grandeurs E, F, G font égales aux intégrales que nous venons de rapporter ; au lieu que lorfqu'il s'agit de l'impulfion latérale qui eft exprimée par la quatriéme formule, ces grandeurs font égales aux intégrales

$$\int \frac{3n^4 y\,dy^2\,dx}{3 \times dx^2 + dy^2}, \quad \int \frac{\frac{3n^3 q}{r}y\,dy\,dx^2}{3 \times dx^2 + dy^2}, \quad \& \int \frac{n^2 y\,dx^3}{3 \times dx^2 + dy^2}$$

& aux integrales . . . . .

$$\int \frac{3n^4 y\,dy^2\,dx}{3 \times dx^2 + dy^2}, \quad \int \frac{3n^3 y\,dy\,dx^2}{3 \times dx^2 + dy^2} \, \& \int \frac{n^2 y\,dx^3}{3 \times dx^2 + dy^2},$$

lorfqu'il eft queftion des impulfions verticales. Mais enfin il eft fenfible que les grandeurs E, F, G ne font toujours point fujettes à changer par les divers angles de dérive, & qu'il n'y a de variable dans l'expreffion $\frac{E \pm mF \pm m\,G}{h^2}$ que la tangente m & la fecante h : & fi on met à la place de h^2

fa

ſa valeur $n^2 + m^2$, nous aurons cette autre formule

$\dfrac{E + mF + m^2G}{n^2 + m^2}$, qui ne contient plus que la ſeule variable m,

& qui convient néanmoins à tous les conoïdes & pour tous les angles de dérive.

Nous trouverons encore la même choſe, en nous ſervant des expreſſions générales $\frac{1}{2} ig \times \dfrac{\overline{n^2 ig + mnfi}^2}{h^2 \times \overline{f^2 i^2 + i^2 g^2 + f^2 k^2}}$;

$\frac{1}{2} if \times \dfrac{\overline{n^2 ei + mnfi}^2}{h^2 \times \overline{f^2 i^2 + i^2 g^2 + 2 k^2}}$, & $\frac{1}{2} kf \times \dfrac{\overline{n^2 ie + mnfi}^2}{h^2 \times \overline{f^2 i^2 + i^2 g^2 + f^2 k^2}}$

dont nous avons parlé dans le Chapitre III. de ces Additions. Car ſi nous prenons à volonté une de ces expreſſions, comme, par exemple, la derniere, qui marque l'impulſion relative verticale ſur chaque partie triangulaire de la prouë GCVg [Fig. 5. Plan. 5.] nous n'aurons qu'à lui donner cette forme $\frac{1}{2} kf \times \dfrac{n^4 i^2 g^2 + 2mn^3 fgi^2 + m^2 n^2 f^2 i^2}{h^2 \times \overline{f^2 i^2 + i^2 g^2 + f^2 k^2}}$

ou cette autre $\dfrac{1}{h^2} \times \dfrac{\frac{1}{2} n^4 i^2 g^2 kf}{f^2 i^2 + i^2 g^2 + f^2 k^2} + \dfrac{m}{h^2} \times \dfrac{n^3 gi^2 kf^2}{f^2 i^2 + i^2 g^2 + f^2 k^2}$

$+ \dfrac{m^2}{h^2} \times \dfrac{\frac{1}{2} n^2 f^3 i^2 k}{f^2 i^2 + i^2 g^2 + f^2 k^2}$, & nous verrons qu'elle contient

trois termes dont le premier n'a $\dfrac{1}{h^2}$ de variable, puiſque

le reſte $\dfrac{\frac{1}{2} n^4 i^2 g^2 kf}{f^2 i^2 + i^2 g^2 + f^2 k^2}$ eſt formé ſimplement du ſinus to-

tal n, & des grandeurs i, g, f, k qui marquent la ſituation & les dimenſions du triangle FGL qui reçoit le choc. Par la même raiſon, le ſecond & le troiſiéme terme n'ont

que $\dfrac{m}{h^2}$, & $\dfrac{m^2}{h^2}$ de variables; & ainſi, ſi E eſt la ſomme de

toutes les valeurs $\dfrac{\frac{1}{2} n^4 i^2 g^2 kf}{f^2 i^2 + i^2 g^2 + f^2 k^2}$ tirées de tous les triangles dont la ſurface de la prouë eſt formée; ſi outre cela F eſt la ſomme de toutes les valeurs $\dfrac{n^3 gi^2 kf^2}{f^2 i^2 + i^2 g^2 + f^2 k^2}$ &

que G soit celle de toutes les valeurs $\dfrac{\frac{1}{2} n^2 f^3 i^2 k}{f^2 i^2 + i^2 g^2 + f^2 k^2}$,

nous aurons $\dfrac{E}{h^2} \pm \dfrac{m}{h^2} F + \dfrac{m^2}{h^2} G$, ou $\dfrac{E + mF + m^2 G}{n^2 + m^2}$ pour l'impulsion relative verticale que souffrent ensemble toutes les parties de la moitié de la prouë. Or comme on peut partager toutes les surfaces tant Géométriques que Mécaniques en parties triangulaires sensiblement planes comme FGL, au moins en parties infiniment petites, il est certain que nous pouvons appliquer ce que nous venons de dire à toutes sortes de surfaces, c'est-à-dire, que

$\dfrac{E + mF + m^2 G}{n^2 + m^2}$ peut toujours exprimer toutes les impulsions relatives ausquelles elles sont sujettes. Ainsi il n'est plus question que de déterminer les grandeurs E, F, G; & de le faire d'une maniére assez générale pour convenir à toutes les surfaces.

Le moyen qui me paroît le plus commode, c'est de

comparer cette formule $\dfrac{E + mF + m^2 G}{n^2 + m^2}$ à trois impulsions

déja connuës : car nous aurons trois differentes équations, & il n'en faut pas davantage pour pouvoir déterminer trois inconnuës telles que E, F, G. Je suppose donc que lorsque l'angle de la dérive est nul, ou que le fluide se meut selon la ligne de la quille, le choc relatif selon une certaine détermination est représenté par A ; que lorsque l'angle de la dérive est sensible & que c est sa tangente, le choc relatif, selon le même sens que le premier est représenté par a ; & que lorsque e est la tangente de l'angle de la dérive, le choc relatif selon la même détermination que les deux autres est a. J'introduis successivement à la place de m, dans la formule générale

$\dfrac{E + mF + m^2 G}{n^2 + m^2}$, les tangentes o, $+ c$, & $+ e$ des trois angles

de dérive, & je trouve ces trois diverses impulsions $\dfrac{E}{n^2}$,

$\dfrac{E + cF + c^2G}{n^2 + c^2}$, & $\dfrac{E + eF + e^2G}{n^2 + e^2}$; ce qui me donne les trois

équations $\dfrac{E}{n^2} = A$, $\dfrac{E + cF + c^2G}{n^2 + c^2} = a$, & $\dfrac{E + eF + e^2G}{n^2 + e^2}$

$= a$. La première me fait déja découvrir que $E = An^2$; & faisant disparoître E des deux autres, j'ai $\dfrac{An^2 + cF + c^2G}{n^2 + c^2}$

$= a$ & $\dfrac{An^2 + eF + e^2G}{n^2 + e^2} = a$. Je cherche ensuite dans ces dernieres équations la valeur de F; ce qui me donne F

$$= \frac{-An^2 + a \times \overline{n^2 + c^2} + c^2G}{c}, \& \ F = \frac{-An^2 + a \times \overline{n^2 + e^2} - e^2G}{e}$$

& comparant ces deux valeurs ensemble, on a l'égalité

$$\frac{-An^2 + a \times \overline{n^2 + c^2} - c^2G}{c} = \frac{-An^2 + a \times \overline{n^2 + e^2} - e^2G}{e}$$ dans la-

quelle il est facile de découvrir G, qui est notre derniere in-connuë; on trouve

$$G = \frac{An^2 \times \overline{e - c} - ae \times \overline{n^2 + c^2} + ac \times \overline{n^2 + e^2}}{ce^2 - c^2e}$$

& introduisant cette valeur dans celle $\dfrac{-An^2 + a \times \overline{n^2 + c^2} - c^2G}{c}$

de F, il viendra

$$F = \frac{-An^2 \times \overline{e^2 - c^2} + ae^2 \times \overline{n^2 + c^2} - ac^2 \times \overline{n^2 + e^2}}{ce^2 - c^2e}$$

Or maintenant que nous connoissons les trois valeurs de E, F, & G nous n'avons qu'à les faire entrer dans l'ex-pression $\dfrac{E + mF + m^2G}{n^2 + m^2}$ & nous la changerons en cette for-mule générale

$$\frac{An^2}{n^2 + m^2} + m \times \ldots \ldots \ldots$$
$$\frac{-An^2 \times \overline{e^2 - c^2} + ae^2 \times \overline{n^2 + c^2} - ac^2 \times \overline{n^2 + e^2}}{ce^2 - c^2e \times \overline{n^2 + m^2}} + m^2 \times \ldots$$
$$\frac{An^2 \times \overline{e - c} - ae \times \overline{n^2 + c^2} + ac \times \overline{n^2 + e^2}}{ce^2 - c^2e \times \overline{n^2 + m^2}}$$: *formule* qui peut être

d'un grand usage pour trouver toutes les impulsions auf-quelles les surfaces courbes sont sujettes, aussi-tôt qu'on connoît déja trois de ces impulsions. Cette formule peut servir pour chaque moitié de la prouë, prise séparément;

pour la moitié qui est la plus exposée au choc , lorsqu'on affectera la tangente *m* du signe +, & sur l'autre moitié, lorsqu'on affectera cette tangente du signe —.

Mais lorsque la superficie qui reçoit le choc a deux parties parfaitement égales , qui s'étendent de part & d'autre d'une ligne droite, qu'on peut prendre pour axe, & qu'on voudra trouver l'impulsion sur les deux parties tout à la fois , on pourra construire d'autres formules qui feront beaucoup plus simples. L'expression $\frac{E + mF + m^2G}{n^2 + m^2}$ en renferme à proprement parler deux autres ; puisque si on prend $\frac{E + mF + m^2G}{n^2 + m^2}$ & qu'il soit question comme ici du choc que reçoit la proüe ; cette premiere expression marque le choc sur la moitié qui est du côté de l'angle de la dérive ; & si on prend $\frac{E - mF + m^2G}{n^2 + m^2}$, on aura le choc sur le côté opposé, qui est le moins exposé à l'action de l'eau. Ainsi pour avoir l'impulsion que souffre la proüe entiere, nous n'avons qu'à joindre $\frac{E + mF + m^2G}{n^2 + m^2}$ avec $\frac{E - mF + m^2G}{n^2 + m^2}$, & nous aurons $\frac{2E + 2m^2G}{n^2 + m^2}$; supposé qu'il s'agisse d'impulsions directes ou verticales : car on sçait que les deux impulsions directes, de même que les deux verticales que reçoivent les deux moitiez de la proüe, s'exercent dans le même sens & s'aident l'une & l'autre. Mais si nous voulons avoir le choc latéral, il faut soustraire celui $\frac{E - mF + m^2G}{n^2 + m^2}$ que reçoit un côté, de celui $\frac{E + mF + m^2G}{n^2 + m^2}$ que reçoit l'autre côté, & nous aurons $\frac{2mF}{n^2 + m^2}$ pour la force avec laquelle la proüe entiére sera poussée latéralement, par le choc le plus fort. De sorte que $\dfrac{2E + 2m^2G}{n^2 + m^2}$ & $\dfrac{2mF}{n^2 + m^2}$ sont les deux formes sous lesquelles se trouvent toujours les impulsions relatives que souffre la prouë entiere : les impulsions directes & les verticales viennent toujours sous la premiere forme, & les latérales, sous la seconde.

Or il suffit maintenant que nous connoissions deux impulsions selon une certaine détermination pour pouvoir découvrir toutes les autres selon la même détermination ; au lieu qu'il nous falloit auparavant en connoître trois. Je nomme encore A le choc direct ou vertical que reçoit la prouë entiere, lorsque l'angle de la dérive est nul, ou lorsque le Navire single directement sur sa quille, & a, le choc direct ou vertical que reçoit la prouë, lorsque le Navire suit une route dont c marque la tangente de l'obliquité. Je substituë successivement les deux valeurs zero, & c de la tangente de la dérive à la place de m dans l'expression générale $\dfrac{2E + 2m^2G}{n^2 + m^2}$ & je réduis cette expression à ces deux autres $\dfrac{2E}{n^2}$, & $\dfrac{2E + 2c^2G}{n^2 + c^2}$ qui doivent donc être égales à A & à a. Déduisant ensuite une valeur de $2E$, de chaque de ces équations $\dfrac{2E}{n^2} = A$ & $\dfrac{2E + 2c^2G}{n^2 + c^2} = a$, nous trouvons $2E = An^2$ & $2E = a \times \overline{n^2 + c^2} - 2c^2G$; & comparant ces deux valeurs, il nous vient $An^2 = a \times \overline{n^2 + c^2} - 2c^2G$; d'où nous tirons $G = \dfrac{-An^2 + a \times \overline{n^2 + c^2}}{2c^2}$. Enfin si nous faisons disparoître E & G de l'expression $\dfrac{2E + 2m^2G}{n^2 + m^2}$ nous aurons *la formule* $\dfrac{An^2}{n^2 + m^2} + \dfrac{m^2}{n^2 + m^2} \times \dfrac{-An^2 + a \times \overline{n^2 + c^2}}{c^2}$,

qui marque, en grandeurs entiérement connuës, les impulsions relatives directes ou verticales, pour les routes de toutes les obliquitez.

T iij

Mais nous trouverons encore bien plus aisément les chocs relatifs latéraux que la prouë entiére est sujette à recevoir ; & cette facilité vient de ce que l'expression $\frac{2mF}{n^2 + m^2}$ de ces chocs ne contient qu'une seule inconnuë F. Je nomme b le choc latéral qui convient à un angle de dérive dont c est la tangente : je substituë cette tangente à la place de m, & il me vient $\frac{2cF}{n^2 + c^2}$, qui doit donc être égale à b. Il suit de-là que $F = \frac{b \times \overline{n^2 + c^2}}{2c}$; & introduisant cette valeur de F dans $\frac{2mF}{n^2 + m^2}$, nous aurons la *formule* $\frac{m}{n^2 + m^2} \times \frac{b \times \overline{n^2 + c^2}}{c}$, qui exprime, d'une maniére très-simple, les impulsions laterales sur la prouë entiere, pour tous les angles de dérive dont m est la tangente.

Voilà le moyen de découvrir toutes les impulsions latérales aussi-tôt qu'on en a déja découvert une. Mais en y faisant un peu d'attention, on reconnoît aisément qu'on peut les trouver aussi sans en supposer aucune de connuë ; parce qu'on peut les déduire des impulsions directes. Cela vient de la conformité qu'il y a entre l'expression $\frac{m}{b^2} \times \int \frac{2n^3 qy\,dy\,dx^2}{r \times \overline{dx^2 + dy^2}}$ ou $\frac{m}{n^2 + m^2} \int \frac{2n^3 qy\,dy\,dx^2}{r \times \overline{dx^2 + dy^2}}$ de cette impulsion latérale, & le second terme de l'expression $\frac{1}{n^2 + m^2} \int \frac{2n^4 qy\,dy^3}{r \times \overline{dx^2 + dy^2}} + \frac{m^2}{n^2 + m^2} \int \frac{n^2 qy\,dy\,dx^2}{r \times \overline{dx^2 + dy^2}}$ de l'impulsion relative directe que souffre la prouë entiére. Ces deux expressions sont déduites des formules de la Table de la page 52 ; & si on compare la derniere avec $\frac{An^2}{n^2 + m^2} + \frac{m^2}{n^2 + m^2} \times \frac{-An^2 + a \times \overline{n^2 + c^2}}{c^2}$ qui lui est égale & qui a la même forme, on verra que $\dfrac{-An^2 + a \times \overline{n^2 + c^2}}{c^2}$ est la valeur

de l'intégrale $\displaystyle\int \dfrac{n^2 qy\, dy\, dx^2}{r \times dx^2 + dy^2}$. Multipliant ensuite par $2n$,

nous aurons $\dfrac{-2An^3 + 2an \times \overline{n^2 + c^2}}{c^2}$ pour la valeur de . . . .

$\displaystyle\int \dfrac{2n^3 qy\, dy\, dx^2}{r \times dx^2 + dy^2}$, & par conséquent $\dfrac{m}{n^2 + m^2} \times$ . . . .

$\dfrac{-2An^3 + 2an \times \overline{n^2 + c^2}}{c^2}$ sera celle de l'impulsion latérale

$\dfrac{m}{n^2 + m^2} \displaystyle\int \dfrac{2n^3 qy\, dy\, dx^2}{r \times dx^2 + dy^2}$. Ainsi on voit que nous avons deux

méthodes de trouver ces impulsions pour les routes de toutes fortes d'obliquitez. Si nous connoiſſons déja une de
ces impulsions (b) pour un angle de dérive dont c eſt la

tangente, nous nous ſervirons de la formule $\dfrac{m}{n^2 + m^2}$

$\times \dfrac{b \times \overline{n^2 + c^2}}{c}$ de l'article précédent : mais ſi nous n'en connoiſſons aucune, & que nous ayons ſimplement les impulſions relatives directes A & a, dans la route directe &
dans une route oblique, nous n'aurons qu'à nous ſervir

de *la formule* $\dfrac{m}{n^2 + m^2} \times \dfrac{-2An^3 + 2an \times \overline{n^2 + c^2}}{c^2}$.

Enfin ce ſont non-ſeulement les impulſions relatives
qu'on peut découvrir par les moyens précédens, mais on
peut auſſi trouver leurs momens : car ils ſe réduiſent également toujours à l'une ou à l'autre de ces deux formes

$\dfrac{2E + 2m^2 G}{n^2 + m^2}$ ou $\dfrac{2mF}{n^2 + m^2}$. Comme les momens ne ſont

que les impulſions multipliées par les diſtances de leurs
directions à un certain terme, & que ces diſtances ne
ſont point ſujettes à changer, par les diverſes obliquitez
de la route, il eſt clair que les momens qui appartiennent
à chaque moitié de la prouë, doivent avoir la même forme

$\dfrac{E \pm mF + m^2G}{n^2 + m^2}$ que les impulsions mêmes ; & c'est ce qu'on

voit aussi en jettant les yeux sur les formules de la Table de la page 52 , qui contiennent des momens dans leur numérateur. Mais si on cherche les momens pour la prouë entiére ; ce qu'on fera en ajoutant les deux momens particuliers , lorsqu'ils sont tous deux *positifs* , ou en retranchant l'un de l'autre , lorsqu'il y en a un qui doit être

regardé comme *négatif*, on trouvera toujours $\dfrac{2E + 2m^2G}{n^2 + m^2}$

dans le premier cas , & $\dfrac{2mF}{n^2 + m^2}$ dans le second : & ainsi

on pourra avoir recours à nos formules générales , $\dfrac{An^2}{n^2 + m^2}$

$+ \dfrac{m^2}{n^2 + m^2} \times \dfrac{-An^2 + a \times \overline{n^2 + c^2}}{c^2}$ & $\dfrac{m}{n^2 + m^2} \times \dfrac{b \times \overline{n^2 + c^2}}{c}$ pour

découvrir les momens de toutes les impulsions , aussi-tôt qu'on en aura déja découvert quelques-uns.

Lorsqu'on cherche par rapport au sommet de la prouë le moment de l'impulsion latérale que souffre la prouë entiere , on trouve qu'il vient sous la seconde forme

$\dfrac{2mF}{n^2 + m^2}$; & si on le divise par l'impulsion latérale , qui se

trouve aussi sous la seconde forme, & que nous pouvons exprimer par $\dfrac{2mP}{n^2 + m^2}$ en prenant P pour une grandeur consf

tante , nous aurons $\dfrac{F}{P}$ pour la quantité V.X. [Figure 5,

Fig. 5.
Plan. 5.

Planc. 5.] dont la direction YZ de l'impulsion latérale que souffre la prouë est éloignée du sommet V de la prouë: ce qui nous apprend que cette direction YZ reste toujours dans le même endroit par rapport à la longueur du Vaisseau. Mais ce n'est pas la même chose des autres directions; elles sont toutes sujettes à changer , aussi - tôt que le Navire prend des routes de différentes obliquitez. Si nous cherchons, par exemple , le moment de
l'impulsion

l'impulsion directe par rapport au plan vertical qui passe par le milieu de la proüe , nous le trouverons encore sous la seconde forme , & nous pourrons l'exprimer par

$\dfrac{2mQ}{n^2 + m^2}$, en prenant Q pour une grandeur constante.

Nous trouverons ce moment sous la seconde forme , parce que le moment qui appartient à une des moitiez de la proüe est *négatif* par rapport à l'autre ; ce qui ne vient pas des impulsions , puisqu'elles agissent toutes deux dans le même sens , & qu'elles sont par conséquent toutes deux *positives* ; mais cela vient de ce que les deux directions sont placées de différens côtez du plan vertical qui passe par le milieu de la proüe, & que la distance d'une de ces directions au plan vertical doit être censée *négative*. Enfin le moment total $\dfrac{2nQ}{n^2 + m^2}$ étant divisé par l'impulsion directe que souffre la proüe entiére, & que nous pouvons représenter par $\dfrac{2R + 2m^2 S}{n^2 + m^2}$, nous trouverons $\dfrac{nQ}{R + n^2 S}$ pour la distance X Y de l'axe de la proüe à la direction Y T de l'impulsion relative directe à laquelle la proüe entiére est exposée ; & on voit que cette distance est sujette à changer selon que la tangente *m* de l'obliquité de la route augmente ou diminuë.

Mais ce qui est très-remarquable , c'est que quoique Y T s'approche ou s'éloigne de l'axe V E de la proüe , la direction composée Y W sur laquelle s'exerce toute la force horisontale de l'eau , passe cependant toujours par le même point D de l'axe V E. Pour s'en convaincre , on n'a qu'à considérer que la direction composée Y W est la diagonale du rectangle Y T W Z qui a pour ses côtez Y Z & Y T , les deux impulsions relatives , latérale & directe

que nous venons de désigner par $\dfrac{2mP}{n^2 + m^2}$ & $\dfrac{2R + 2m^2 S}{n^2 + m^2}$. Et

Fig. 5.
Plan. 5.

faifant enfuite cette proportion $YZ = \frac{2mP}{n^2 + m^2}$ | $ZW = YT = \frac{2R + 2m^2 S}{n^2 + m^2}$ ‖ $XY = \frac{mQ}{R + m^2 S}$ | XD, nous trouverons pour XD la grandeur conftante $\frac{P}{Q}$. Ainfi le point D eft toujours également éloigné de la direction YZ de l'impulfion latérale ; & comme d'un autre côté cette direction eft toujours à la même diftance de l'extrémité V de la prouë, il s'enfuit que le point D par lequel paffe la direction compofée YW de toute l'impulfion horifontale, tant latérale que directe, fera auffi toujours également éloigné de l'extrémité V de la prouë. Il nous eft très-avantageux de connoître cette propriété qu'ont les prouës de toutes fortes de figures. Car c'eft de part & d'autre du point D qu'on doit mettre en équilibre les voiles de l'avant & de l'arriére ; & puifque ce point ne change point par l'obliquité des routes, il n'eft pas néceffaire, pour le rendre ftable, de nous affujettir à ne donner à la prouë qu'une certaine forme particuliére. Nous pourrons au contraire, choifir toujours la figure qui nous procurera par ailleurs le plus d'avantages ; & nous aurons encore la commodité de pouvoir déterminer le point D en cherchant fimplement la direction YW dans une feule route.

Il eft vrai que toutes les chofes précédentes n'ont lieu que lorfque l'eau ne rencontre précifément que les mêmes parties de la prouë. Mais comme l'obliquité des routes n'eft pas ordinairement exceffive, on pourra très-fouvent négliger la nouvelle partie de la carene, qui fe trouvera expofée au choc d'autant plus qu'elle n'en recevra toujours que très-peu. Et dans les rencontres où on voudra pouffer l'exactitude plus loin, on n'aura qu'à chercher encore par les moyens précédens l'impulfion que fouffre la prouë : ce fera toujours autant de fait ; & il ne reftera plus qu'à y joindre l'impulfion fur la nouvelle partie, impulfion qu'on découvrira aifément par la méthode du

Chap. III. en partageant cette nouvelle partie en quelques triangles. Il arrivera aussi pour l'ordinaire que les directions des trois chocs relatifs seront toutes en differens plans, & qu'elles ne se couperont en aucun point. Alors, si on en excepte un cas très - singulier, il ne sera jamais possible de composer exactement ces trois forces ni de les réduire à une seule direction. Mais comme on peut se dispenser, dans la pratique des Arts, d'observer une précision trop rigoureuse, il n'y aura point d'inconvenient à chercher la direction du choc absolu, comme si les directions des impulsions relatives se trouvoient deux à deux exactement dans le même plan.

CHAPITRE VI.

Remarques sur les propriétez particuliéres qu'ont toutes les prouës formées en demi conoïdes.

JUsqu'ici nous n'avons parlé que des propriétez qui conviennent aux prouës de toutes sortes de figures ; mais si on attribuë aux prouës quelques especes de formes déterminées, il arrivera qu'outre les propriétez précedentes, qui sont générales & communes, elles en auront toujours d'autres qui leur seront particuliéres. C'est ce que nous allons faire voir dans les prouës en demi conoïdes après avoir donné les dimensions de celle qui trouve à fendre l'eau le moins de résistance qu'il est possible.

Nous mettons ces mesures dans cet endroit-cy de nos Additions, parce que nous n'avons point eu occasion de les inferer ailleurs. Nous avons cru qu'en les calculant nous rendrions quelque service à la Marine ; car tout ce qu'on nous a donné touchant le problême de la prouë la plus avantageuse, est beaucoup au-dessus de la portée des ouvriers ; au lieu que la Table suivante met tout le monde en état de profiter de cette découverte. On peut voir dans l'*Analyse démontrée* du R. P. Reyneau, que nous avons déja citée, que a étant une grandeur constante & z une variable, les abscisses de la courbe qui doit engendrer la proüe, sont égales à $\frac{3z^4}{4a^3} + \frac{z^2}{a} - \frac{5}{12} a - Lz$,

& les ordonnées correspondantes égales à $\frac{z^3}{a^2} + 2z + \frac{a^2}{z}$.

Nous avons pris 100 pour la valeur de la grandeur arbitraire constante a ; ce nombre est assez grand pour qu'on puisse déterminer les dimensions des plus gros Vaisseaux, à moins d'une ligne près.

TABLE

Des dimensions de la proüe la plus avantageuse.

Abscisses ou parties de l'axe de la proüe.	Ordonnées ou demi-largeurs de la proüe.	Valeurs de z.	Logarithmes de z.	Abscisses ou parties de l'axe de la proüe.	Ordonnées ou demi-largeurs de la proüe.	Valeurs de z.	Logarithmes de z.
0	308	58	0	2880	1904	240	142
6	317	70	19	3366	2102	250	146
20	336	80	33	3911	2316	260	150
44	364	90	44	4539	2545	270	154
78	400	100	55	5194	2791	280	158
125	444	110	64	5943	3053	290	161
185	496	120	73	6769	3333	300	165
260	557	130	81	7678	3631	310	168
354	626	140	89	8675	3948	320	171
468	704	150	95	9767	4284	330	174
604	792	160	102	10959	4640	340	177
766	890	170	108	12258	5016	350	180
956	999	180	114	13668	5413	360	183
1178	1118	190	119	15198	5832	370	186
1434	1250	200	124	16852	6273	380	188
1729	1394	210	129	18639	6737	390	191
2065	1550	220	134	20565	7225	400	194
2448	1720	230	138	22636	7736	410	196

L'ufage de cette Table fera tout-à-fait aifé. Après
avoir tiré une ligne droite pour fervir d'axe, on portera
deffus la longueur de chaque abfciffe, mefurée fur une
échelle de parties égales, & on lui élevera une perpendiculaire égale à l'ordonnée qui lui répond dans la Table.
On conduira enfuite une ligne courbe par les extrémitez de toutes ces ordonnées ou perpendiculaires, & la faifant tourner autour de fon axe, elle formera la proüe la
plus avantageufe. Enfin comme cette proüe eft un demi-
conoïde, toutes fes coupes perpendiculaires à fon axe, ou
tous fes *gabaris*, pour parler en terme de conftruction,
font des demi-cercles. On trouvera les rayons de ces *gabaris*, ou les demi largeurs de la proüe, dans la feconde
& dans la fixiéme colonne, & on verra dans la premiere
& dans la cinquiéme à quelle diftance de l'extrémité de la
proüe, on doit mettre ces demi largeurs. Il reftera au
fommet du conoïde une petite ouverture, parce que la
furface ne vient pas joindre l'extrémité de l'axe: mais on
peut fermer cet endroit avec un plan, ou bien en prolon-
geant la furface en cône. Quant aux autres colonnes de
notre Table, elles ne ferviront que lorfqu'on voudra trouver les chocs relatifs de l'eau par le moyen des expreffions
du Chapitre VIII. de la premiere Section : nous avons
marqué dans ces colonnes, & les valeurs que nous avons
attribuées à z, & les logarithmes Lz qu'ont ces diverfes
valeurs, dans une logarithmique dont $a = $ 100 eft la fou-
tangente.

Pour venir maintenant aux propriétez particuliéres
qu'ont toutes les proües formées en conoïdes, nous ferons
d'abord fouvenir les Lecteurs que les formules de la Table
de la page 52 font conftruites pour ces fortes de figures.
Si on déduit enfuite de la premiere formule, l'impulfion
relative directe que fouffre toute la proüe, on aura . . .

$$\int \frac{2n^4 q\gamma dy^3 + m^2 n^2 q\gamma dy dx^2}{b^2 r \times dx^2 + dy^2}$$; & il eft clair que fi on pouvoit intégrer cette expreffion, fans l'affujettir à la courbure d'au-

cune prouë déterminée, on auroit généralement l'impulsion directe que tous les conoïdes sont sujets à souffrir. Or c'est ce qu'on peut faire dans un certain cas. On le peut, lorsque le quarré m^2 de la tangente de la dérive est double du quarré n^2 du rayon, ou lorsque cette tangente est égale à $n\sqrt{2}$. Car l'expression précédente se réduit alors à

$$\int \frac{2n^4 qy\,dy^3 + 2n^4 qy\,dy\,dx^2}{b^2 r \times dx^2 + dy^2}$$, qui se réduit par la division à . . . .

$$\int \frac{2n^4 qy\,dy}{b^2 r}$$ ou à $$\int \frac{2n^2 qy\,dy}{3r}$$, en mettant $3n^2$ à la place de $b^2 =$

$n^2 + m^2$; & si on intégre cette derniere expression, on

trouve $\frac{n^2 qy^2}{3r}$, qui est le produit du tiers du quarré du si-

nus total n par l'étenduë $\frac{qy^2}{r}$ du demi cercle qui sert de

base au demi conoïde & qui a l'ordonnée y pour rayon. Ainsi on voit cette vérité assez surprenante que tous les conoïdes de même base sont sujets à la même impulsion directe, aussi-tôt que la tangente m de l'angle de la dérive est égale à $n\sqrt{2}$, ou aussi-tôt que le fluide fait avec l'axe du conoïde un angle d'environ 54 degrez 44 minutes.

Fig. 6.
Plan. 5.

C'est-à-dire, que si CFE (Fig. 6. Plan. 5.) est un demi

cercle qui a y pour rayon, & par conséquent $\frac{qy^2}{r}$ pour sur-

face, & qu'on mette sur ce demi cercle, un cône, ou un conoïde parabolique ou hyperbolique CAEF, &c. l'impulsion de l'eau selon le sens de l'axe AO, dans le cas mar-

qué, sera toujours la même : elle sera toujours $\frac{n^2 qy^2}{3r}$; &

cette impulsion sera précisément égale à celle que recevroit le demi cercle CFE, si le fluide pouvoit le rencontrer. Car on peut considérer la surface de ce demi cercle, comme celle d'un conoïde, dont l'axe AO seroit infiniment petit ; & ainsi tout ce qui est vrai pour les conoïdes en général, le doit être aussi pour ce demi cercle CFE qui leur sert de base.

La prouë qui a la figure la plus avantageufe étant du
nombre des conoïdes, doit recevoir auffi une égale impulfion dans la route oblique de 54 degrez 44 minutes de
dérive. Deforte qu'elle perd, dans ce cas, l'avantage qu'-
elle a fur toutes les autres prouës. Mais elle le conferve
au moins jufques-là ; c'eft-à-dire, que dans toutes les
routes obliques, elle trouve toujours un peu moins d'obftacle de la part de l'eau, felon le fens direct, que tous les
autres conoïdes ; & ce n'eft enfin que lorfque la dérive
eft parvenuë à environ 54 degrez 44 minutes qu'il n'y a
pas de différence entre les réfiftances. Au furplus, toutes
les autres efpeces de figures ont auffi une propriété qui a
rapport à celle que nous remarquions ici. Si on examine, par exemple, les impulfions directes fur les lignes
courbes dont les deux branches font parfaitement égales
de part & d'autre de leur axe, comme dans la parabole
ou dans l'hyperbole, on trouvera que toutes ces courbes
fouffrent toujours précifément la même impulfion auffi-
tôt que l'obliquité de la route eft, non pas de 54 degrez
44 minutes comme dans les conoïdes, mais de 45 degrez
juftes. Il nous feroit très-facile de prouver cette propriété des lignes courbes. Mais nous ne le faifons pas, parce
qu'il n'en reviendroit aucune utilité. Il ne fuffit pas de
confidérer les Vaiffeaux comme s'ils n'étoient terminez
que par un fimple trait ou une fimple ligne : car la furface de leur prouë eft courbe dans tous les fens, dans le fens
horifontal & dans le fens vertical ; & de plus leurs coupes
horifontales ne font pas des figures femblables.

Enfin, fi nous revenons aux prouës en conoïdes, & fi
nous tirons de la 4e formule de la Table de la page 52,

l'expreffion $\int \dfrac{6n^4y\,dy^2\,dx + 2m^3n^2g\,dy^3}{3b^2 \times ax^2 + dy^2}$ de l'impulfion relative

verticale que fouffre la prouë entiére, nous pourrons faire à peu près les mêmes remarques fur cette impulfion
que fur la relative directe. Mais afin que nous puiffions

diviser le numérateur $6n^4y\,dy^2\,dx + 2m^2n^2y\,dx^3$ par $dx^2 + dy^2$ il faut que m^2 soit égale à $3n^2$, ou que l'angle de la dérive soit de 60 degrez. Alors $\int \dfrac{6n^4y\,dy^2\,dx + 2m^2n^2y\,dx^3}{3h^2 \times \overline{dx^2 + dy}}$ deviendra $\int \dfrac{6n^4y\,dy^2\,dx + 6n^4y\,dx^3}{3h^2 \times \overline{dx^2 + dy}}$, qui se réduit effectivement par la division à $\int \dfrac{2n^4\,y\,dx}{h^2}$ ou à $\int \frac{1}{2} n^2y\,dx$, en mettant $4n^2$ à la place de $h^2 = n^2 + m^2$; & c'est-là l'impulsion verticale à laquelle sont exposez tous les conoïdes, aussi-tôt que le quarré de la tangente m est triple du quarré n^2 du rayon, ou que la tangente m est égale à $n\sqrt{3}$. Or comme $y\,dx$ est l'élement de la surface AOE [Fig. 5. Plan. 5.] renfermée entre l'axe AO & la courbe AHE, il est clair que $\int y\,dx$ est l'étenduë de cette surface AOE, & que $\int \frac{1}{2} n^2y\,dx$ est le produit de cette étenduë par la moitié du quarré du sinus total. Ainsi voici encore une vérité qui est une espece de paradoxe. Toutes les prouës CAEF formées en demi conoïdes, qui ont leur coupe horisontale ACE de même étenduë, sont sujettes à la même impulsion relative selon le sens vertical, lorsque l'angle de la dérive ou l'angle de la direction du fluide & de l'axe du conoïde, est de 60 degrez. D'où il suit que pour juger dans ce cas, de l'impulsion verticale, il n'est pas nécessaire de connoître la figure de la prouë; il suffit de sçavoir seulement l'étenduë de sa coupe faite à fleur d'eau.

Au surplus ces observations ne sont pas de simple curiosité; car elles nous mettent en état de découvrir beaucoup plus aisément les impulsions de l'eau sur toutes les prouës formées en conoïdes. On sçait que pour se servir des formules $\dfrac{An^2}{n^2 + m^2} + \dfrac{m^2}{n^2 + m^2} \times \dfrac{-An^2 + a \times \overline{n^2 + c^2}}{c^2}$ & $\dfrac{m}{n^2 + m^2} \times \dfrac{-2An^3 + 2an \times \overline{n^2 + c^2}}{c^2}$ du Chapitre précédent,

il faut avoir déja trouvé deux impulſions A & a , l'une
pour la route directe, & l'autre pour une autre route dont
c eſt la tangente de l'obliquité. Mais nous n'aurons déformais qu'à chercher ſimplement le choc pour la route
directe ; car les deux remarques que nous venons de
faire ſur les prouës en conoïdes , feront que nous connoîtrons toujours aiſément une autre impulſion directe ou
verticale. Lorſqu'il s'agira , par exemple , des chocs relatifs ſelon le ſens paralelle à la quille , ou ſelon le ſens latéral perpendiculaire à la quille , leſquels ſuppoſent également la connoiſſance de deux impulſions relatives directes , A & a , nous n'aurons qu'à nous ſouvenir que lorſque
l'angle de la dérive eſt d'environ 54 degrez 44 minutes,
ou que la tangente de cet angle eſt égale à $n\sqrt{2}$, l'impulſion directe , qui eſt alors préciſément la même que
celle que recevroit le demi cercle CFE s'il étoit expoſé
au choc de l'eau , eſt égale au produit de $\frac{1}{3}\,n^2$ par l'étenduë
de ce demi cercle. Ainſi nous n'aurons qu'à introduire
$n\sqrt{2}$ à la place de *c* , & le produit de $\frac{1}{3}\,n^2$ par l'aire du
demi cercle CFE à la place de l'impulſion a ; & ſi nous
mettons auſſi à la place de A , l'impulſion que nous aurons trouvée dans la route directe, nos formules exprime-
ront en termes entiérement connus , les impulſions que
ſouffre la prouë dans les routes de toutes les obliquitez.

Pour ne pas laiſſer ceci ſans quelque application , nous
ſuppoſerons que la prouë du Navire le *S. Pierre* dont nous
avons parlé dans le Chapitre IV. de ces Additions , eſt
un demi conoïde , & que le demi cercle CFE qui lui
fert de baſe eſt de 6687 pouces quarrez. Multipliant cette
étenduë par le tiers du quarré du ſinus total *n* que nous
ferons ici de 100 parties de même que dans le Chapitre
que nous venons de citer , il nous viendra 2290000 pour
l'impulſion relative que doit recevoir la prouë ſelon le
ſens de la quille dans la route dont $100\sqrt{2} = n\sqrt{2}$ eſt la
tangente de l'obliquité. Or nous n'avons qu'à ſubſtituer

X

dans la formule $\dfrac{An^2}{n^2 + m^2} + \dfrac{m^2}{n^2 + m^2} \times \dfrac{-An^2 + a \times \overline{n^2 + c^2}}{c^2}$

cette tangente $100^{\sqrt{}}2$ à la place de c, l'impulsion 22290000, qui convient à cette tangente, à la place de a & l'impulsion 10245735 qui appartient à la route directe (comme nous l'avons trouvé dans le Chapitre IV.) à la place de

A; & il nous viendra $\dfrac{1024573500000 + m^2 \times 28312132}{10000 + m^2}$ pour l'expreffion générale des chocs relatifs directs dans toutes les routes : c'eft-à-dire, qu'il ne reftera donc plus qu'à introduire à la place de m, la tangente de quel angle de dérive on voudra, & on aura l'impulfion pour cet angle. Si on fait de femblables fubftitutions dans la formule

$\dfrac{m}{n^2 + m^2} \times \dfrac{-2An^3 + 2an \times \overline{n^2 + c^2}}{c^2}$ qui fert à trouver les impulfions latérales par le moyen des impulfions directes, nous

aurons $\dfrac{m}{10000 + m^2} \times 566242650$ pour l'expreffion générale de ces impulfions ; & on déterminera auffi cette expreffion à fervir pour quelle route particuliére on voudra, en fubftituant à la place de m, la tangente de chaque angle de dérive.

Ce fera encore à peu près la même chofe pour les chocs relatifs verticaux, auffi-tôt qu'on aura déja trouvé, par la méthode du Chapitre III. ou par quelqu'autre moyen, le choc vertical A pour la route directe. Car la connoiffance de l'aire de la furface CAE , nous tiendra lieu d'une feconde impulfion ; puifque le produit de la moitié de cette furface par la moitié $\frac{1}{2} n^2$ du quarré du finus total, repréfente, comme nous l'avons vû, l'impulfion verticale dans la route de 60 degrez de dérive. C'eft pourquoi nous n'aurons qu'à introduire ce produit à la

place de a, & $n^{\sqrt{}}3$, à la place de c dans la formule $\dfrac{-An^2}{n^2 + m^2}$

$$+ \frac{m^2}{n^2 + m^2} \times \frac{-An^2 + a \times \overline{n^2 + c^2}}{c^2}$$, qui sert également pour les impulsions verticales que pour les directes, & on aura l'expression de ces impulsions verticales pour toutes les routes.

Enfin il sera peut-être assez convenable de résumer ici en peu de mots les principales choses que nous avons expliquées dans ces Additions. Les Lecteurs ont trouvé dans le Chapitre III. la maniére de découvrir l'impulsion que l'eau fait sur les prouës de toutes sortes de figures, en partageant leurs surfaces en plusieurs parties triangulaires sensiblement planes. On se servira de cette méthode pour trouver l'impulsion directe & l'impulsion verticale dans deux routes différentes, dans la directe & dans une oblique qu'on choisira à volonté : & n désignant ensuite le sinus total ; c la tangente de la dérive de la route oblique ; & A & a les deux impulsions verticales trouvées par la méthode du Chapitre III. la formule $\frac{An^2}{n^2 + m^2}$

$$+ \frac{m^2}{n^2 + m^2} \times \frac{-An^2 + a \times \overline{n^2 + c^2}}{c^2}$$ exprimera toutes les impulsions verticales, pour tous les autres angles de dérive dont m sera la tangente.

Cette même formule exprimera aussi les impulsions relatives directes pour toutes les routes ; aussi-tôt que A & a désigneront les deux impulsions directes trouvées par la méthode du Chapitre III. & cette autre formule

$$\frac{m}{n^2 + m^2} \times \frac{-2An^3 + 2au \times \overline{n^2 + c^2}}{c^2}$$ exprimera en même-tems toutes les impulsions latérales. C'est ce que nous avons expliqué dans le Chapitre V. & nous avons fait voir aussi que la direction composée de tout le choc horisontal de l'eau passe toujours par le même point de la quille. De sorte qu'il suffit de chercher cette direction dans une seule route oblique pour sçavoir de part & d'autre de

quel point, on doit toujours mettre toutes les voiles en équilibre.

Ce que nous venons de dire convient aux prouës de toutes les figures ; mais lorsque la prouë est faite en demi conoïde, il suffit de chercher, par la méthode du Chapitre III. les impulsions directe & verticale pour la seule route directe. Alors A désignant l'impulsion directe connuë, & e l'étenduë du demi cercle CFE qui sert de base au demi conoïde de la prouë, nous aurons, 1°.

$$\frac{An^2 + m^2 \times \overline{-\tfrac{1}{2}A + \tfrac{1}{2}en^2}}{n^2 + m^2}$$ pour les impulsions directes dans toutes les routes dont m sera la tangente de l'obliquité.

Nous aurons 2°. $\dfrac{m}{n^2 + m^2} \times \overline{-An + en^3}$ pour les impulsions latérales. Et enfin f désignant l'étenduë de la coupe horisontale CAE de la prouë, faite à fleur d'eau, & A l'impulsion verticale trouvée dans la route directe, nous aurons 3°. $\dfrac{An^2 + m^2 \times \overline{-\tfrac{1}{3}A + \tfrac{1}{3}fn^2}}{n^2 + m^2}$ pour les impulsions verticales dans toutes les autres toutes.

Nous eussions pû pousser ces Remarques beaucoup plus loin, & passer ensuite à la résolution générale des plus importans Problêmes de Manœuvre. Mais cela demanderoit un Traité particulier ; d'autant plus que nous ne pourrions pas expliquer ici toutes ces choses sans sortir des bornes que nous avons dû nous prescrire dans ces Additions. On voit que d'une Théorie assez difficile, nous sommes descendus à des regles très-simples. Il arriveroit encore la même chose. Et on pourroit instruire aisément de ces regles les Marins & les Constructeurs ; sans exiger d'eux qu'ils entrassent dans toutes les difficultez de la spéculation.

F I N.

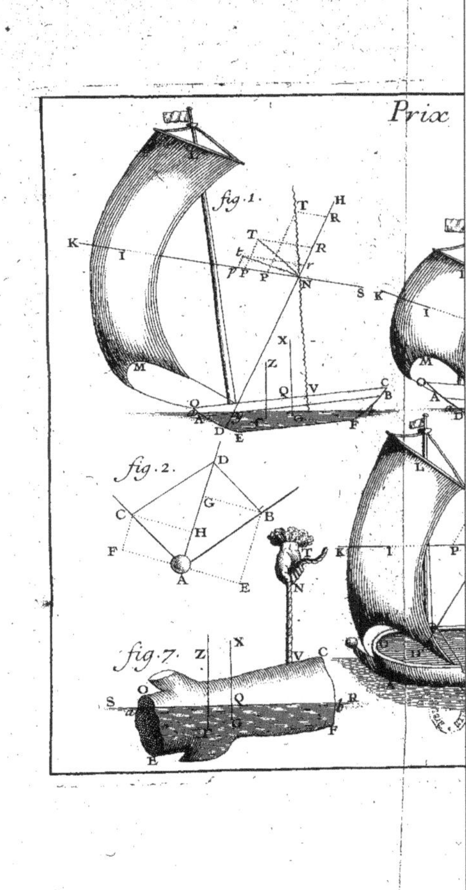

Prix
fig. 1.
fig. 2.
fig. 7.

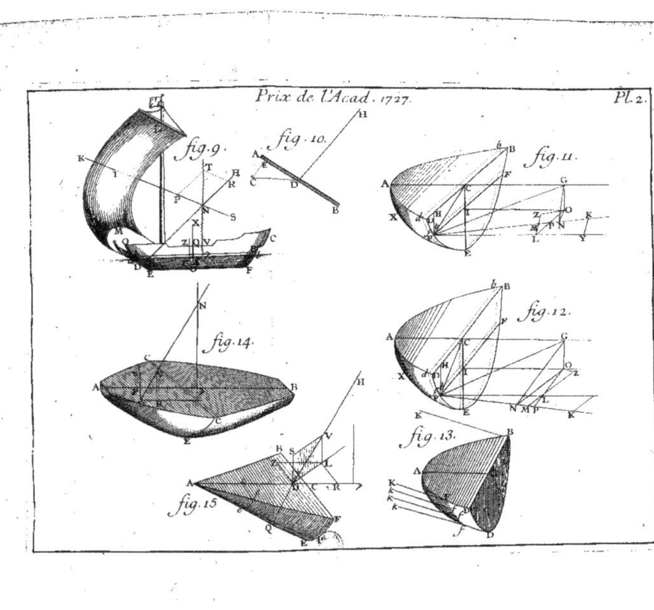

Prix de l'Acad. 1727.
Pl. 2.
fig. 9.
fig. 10.
fig. 11.
fig. 12.
fig. 13.
fig. 14.
fig. 15.

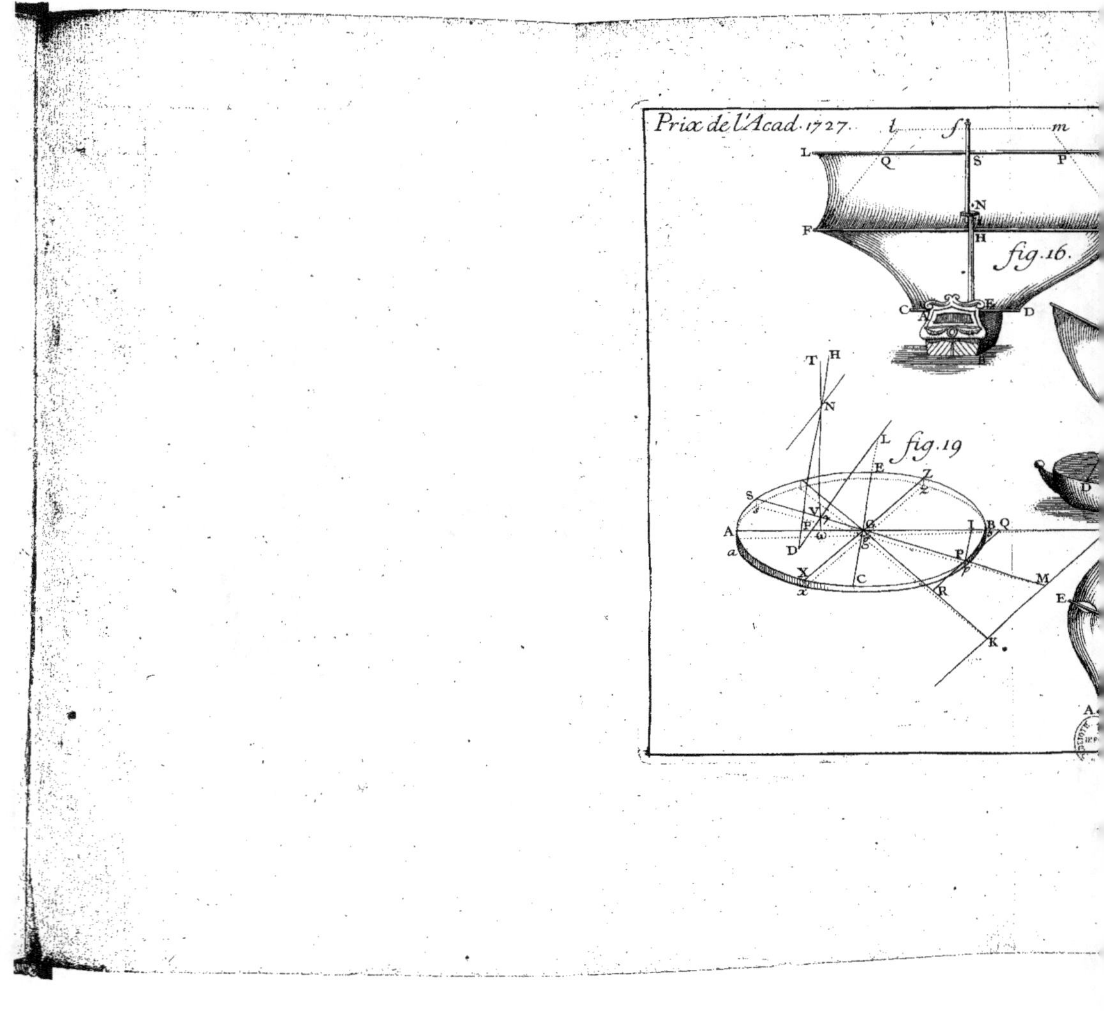

Prix de l'Acad. 1727.
fig.16.
fig.19.

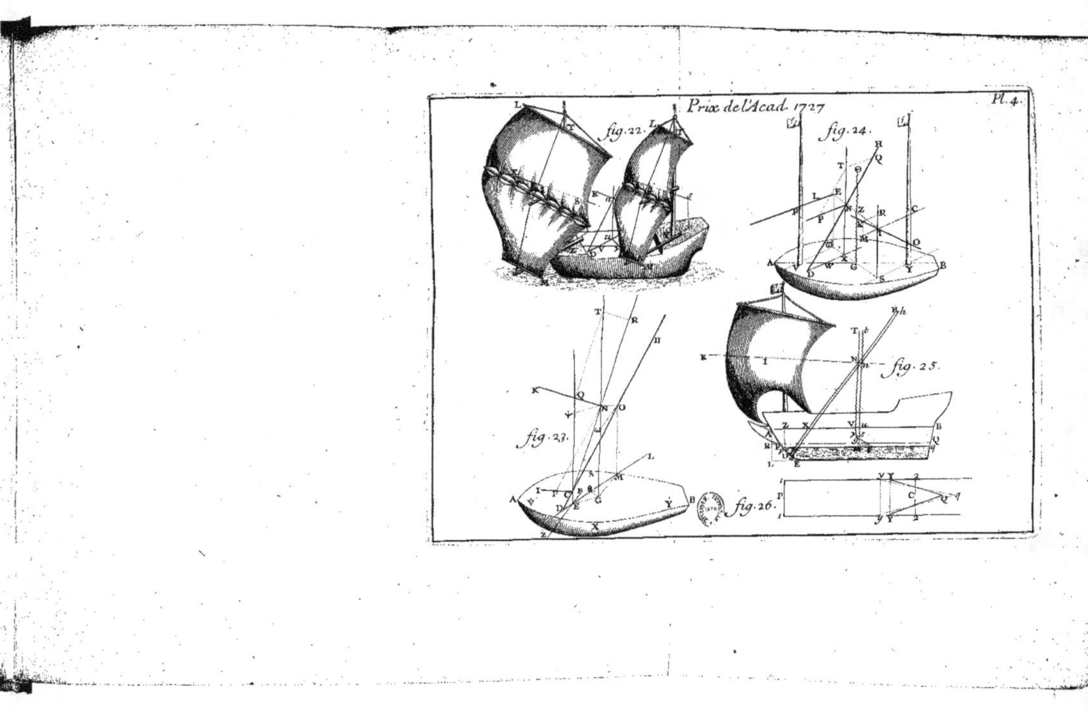

Prix de l'Acad. 1727
Pl. 4.
fig. 22.
fig. 23.
fig. 24.
fig. 25.
fig. 26.

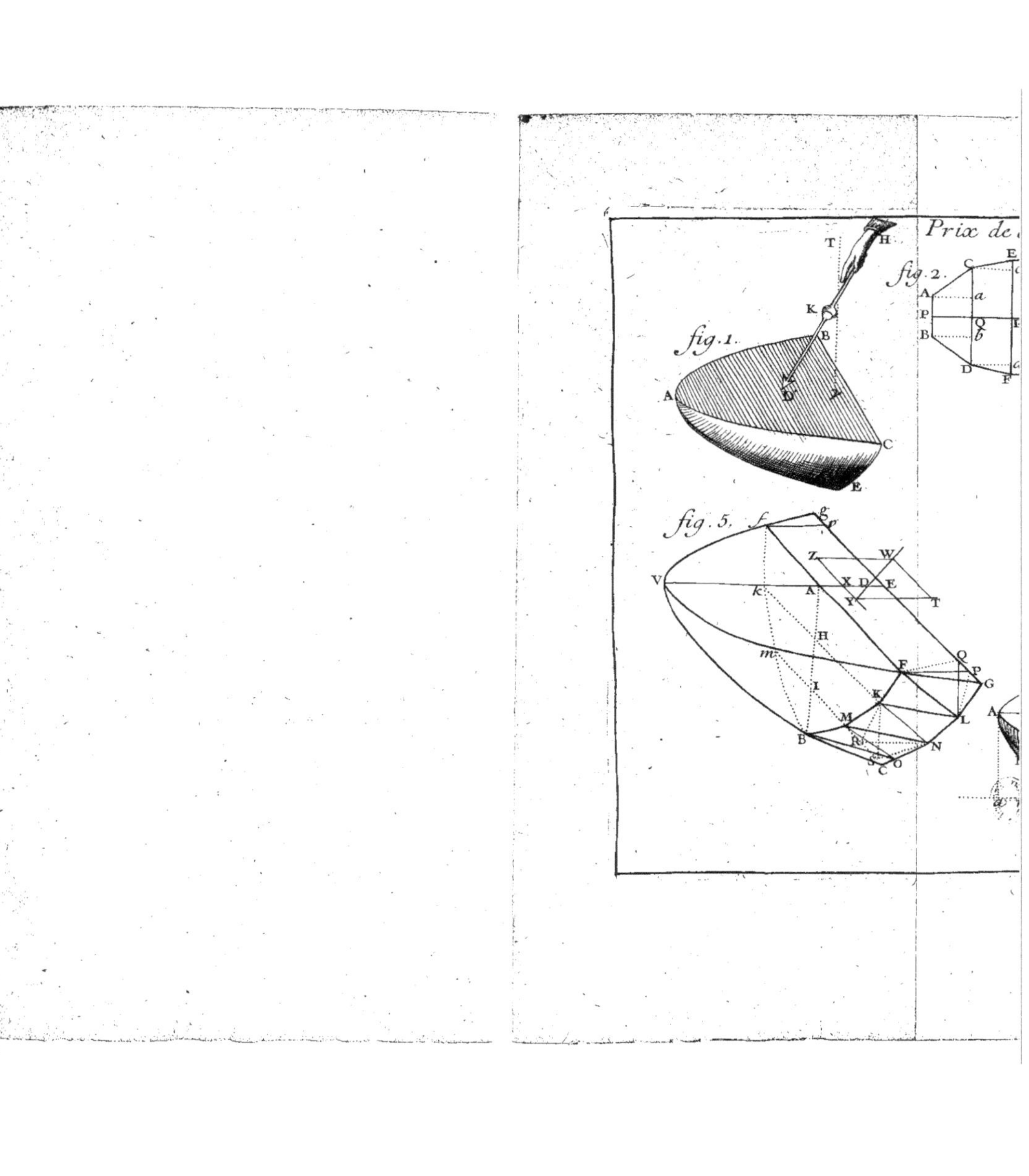
Prix de
fig. 2.
fig. 1.
fig. 5.